Future

Future

從日本隕落與復興，
解析矽時代的
關鍵商業模式與經營核心

半導體逆轉戰略

長內 厚
OSANAI ATSUSHI

卓惠娟 譯

半導体逆転戦略
日本復活に
必要な経営を問う

目錄

第4章 技術強大的日本面臨的戰略課題 95

第7章 坐看日美半導體摩擦，隔山觀虎鬥的韓國策略——151

第8章 台灣能成為世界第一的深度解析——173

第9章 美中貿易摩擦，誰坐收漁翁之利？——189

第12章 半導體產業需要的是經營戰略——223

推薦序

高科技企業必須理解商業價值創造的重要性

王振源／國立清華大學科技管理所教授、約翰尼斯堡大學客座教授

由長內厚教授撰寫的《半導體逆轉戰略》這本書，深入剖析了為何日本在擁有卓越的科學技術創新能力的同時，卻難以發展許多成功的科技商業投資。長內厚教授在書中不斷強調，高科技企業必須理解商業價值創造與商業獲取的重要性，並且清楚闡述了為何這些企業應該追求規模經濟，而非過度側重產品差異化。

此外，本書探討了台積電與多家日本企業，為生產二十二奈米至二十八奈米晶片而成立JASM的策略合作。作者還大量運用充分的論據，表達他對Rapidus的創立，以及日本試圖以跳躍式的發展方式、從目前技術水準直接邁

向二奈米晶片生產的高度憂慮。

長內厚教授透過《半導體逆轉戰略》書中的精彩案例研究，和發人深省的企業管理見解，提供了豐富而寶貴的經驗教訓。對於台灣與全球任何關心高科技產業管理與決策的人來說，這都是一本不容錯過的關鍵書籍。

推薦序

以創新思維提煉日本半導體產業的成功要素

李世暉／政治大學國際事務學院教授、台灣日本研究院理事長

日本的半導體產業在一九八〇年代取得巨大的成功。這是日本政府推行產業政策的必然結果？還是國際市場劇烈變化的一種偶然？日本半導體產業初次嶄露頭角，是在一九七〇年代中期。當時的日本政府，將半導體視為日本強化製造業競爭力的關鍵；由主管機關的通產省（現經產省）出面設立「超ＬＳＩ技術研究組合」（一九七六年），成為官方（工業技術院電子技術綜合研究所）與民間（富士通、日立、ＮＥＣ、三菱電機、東芝）的技術合作平台。

日本政府扶植半導體產業的決心，反映在當時編列的預算中。舉例來說，一九七六年日本國內半導體的市場規模只有一千六百四十九億日圓，但投入

「超ＬＳＩ技術研究組合」的金額高達七百億日圓。此一政策規畫，不僅成功規範日本半導體的標準化製程，也讓相關企業得到相應的技術支援。

一九八〇年，日本有三家半導體企業擠進全球前十大。到了一九八五年，則是有五家半導體企業進入全球前十大：ＮＥＣ、日立與東芝，分別位居全球第一、第四與第五。由此，日本半導體企業快速取得國際市場的市占率，並主導了全球半導體產業的發展。

上述的成果，乍看之下似乎與日本政府的半導體政策存在著因果關係。然而，若仔細觀察日本半導體產業在一九九〇年代的衰退過程，國際市場的劇烈變化似乎也是另一個重要的切入點。

眾所周知，戰後日本的電機、汽車大廠，一方面與日本國內中小企業維持緊密、長期的承包合作關係；另一方面則是設立子部門，獨立生產重要零組件以提供給自家的生產線。一九八〇年代的日本重要半導體公司，包括NEC、日立、東芝、富士通、松下電機等，都是日本的電機大廠。其生產的消費電子產品，在一九八〇年代席捲全球市場。由於日本消費電子產品中所使用的半導體，大多由自家公司製造，也快速推升日本半導體的市占率。

到了一九九〇年代，日本的消費電子產品受到韓國與中國的挑戰，逐漸失去在全球市場的主導能力，再加上日美半導體摩擦、日本泡沫經濟等重大內外政治經濟環境的變遷，曾經稱霸全球的日本半導體，被台灣與韓國取代。此一觀點解釋了，當初日本半導體獲得全球領導地位的背景，並非來單純受到政策的影響，更多的是日本消費電子商品的全球市場影響力。

因此，當**日本消費電子產品的全球市占率逐漸下滑，長期提供半導體給自家生產線的半導體部門，自然面臨到極大的壓力**。與之相較，台灣的半導體企業在發展初期，就已經在全球半導體市場中與各國半導體大廠展開競爭與合作。市場叢林法則的洗禮，在一定程度上造就了台灣半導體企業的全球競爭力。

長內厚教授回顧了日本半導體產業的歷史，以及當前全球半導體供應鏈的課題，明確地指出：半導體產業的特點是需要實現規模經濟。未來日本半導體產業需要的，是以創新獲取超額利潤，才能實現規模經濟。值得注意的是，此一創新，可以是後端製程的生產技術，可以是效率化的企業組織，也可以是全球多元的資本累積。而如何透過創新思維來提煉先進的製造技術與強大的商業能力，是日本半導體能否逆轉的重大關鍵。

身處全球半導體供應鏈快速變動與重組的時代，對想要復興半導體產業的日本，以及對想要維持半導體競爭力的台灣來說，既是危機，也是轉機。**日本與台灣所面臨的挑戰雖不盡相同，但制定因應挑戰的策略同樣是刻不容緩的。**

推薦序

日本半導體逆轉戰略，台灣是不可或缺的好夥伴

林宏文／資深科技記者、《晶片島上的光芒》作者

近年來我在日本出版《tsmc, 推動世界的祕密》（《晶片島上的光芒》日文版），多次赴日演講交流，也累積一些對日、台、韓、中等亞洲各國產業競合的觀察。我一直認為，日本半導體產業想要逆轉，要與最互補的台灣做深入合作。如今，讀到長內厚教授這本書《半導體逆轉戰略》，讓我產生不少共鳴。我也藉著推薦這本書，談談台日可以如何合作。

長內厚教授在書中提及，日本產業發展有其優劣勢，其中日本在價值創造部分很強，但在價值獲取的部分較弱，因此雖然日本是亞洲發展最早的先進國，但卻在半導體競賽上輸給韓、台、中等國。

首先，我覺得日本並未全輸。日本在半導體設備、材料、化學等周邊產業都執世界牛耳，主要是輸在半導體設計、製造這些領域，而這種強弱分明的產業生態，正是緣自日本具特色的競爭力差異。

長內厚教授上述概念，我用台灣人較熟悉的語言來說明。我的解讀是，日本對技術與研發投入很深，但在面對市場變化時調整與適應力較弱，在大量製造與商品化過程疏忽落後，因此無法像其他亞洲對手快速搶占市場。

我在日本演講時，曾以大同電鍋為例進行說明。日本媒體曾報導台灣的大同電鍋，很驚訝這種二戰後的「老古董」，竟然是台灣賣得最好的電鍋。

其實，大同電鍋是六十年前大同公司從日本東芝授權而來的產品，多年來技術與外形幾乎沒變過，卻成為台灣銷售最好的電鍋。可是，這個產品東芝早已不生產，日本家電業每年還會推出各種全新設計的電子鍋，功能造型都變化多端。

我也跟日本朋友承認，其實我們家也曾用過日本電子鍋，但後來還是覺得大同電鍋最好用。日本人很願意投入研發並追求技術精進，但消費者可能只需要一個簡單好用的產品就好了。

若以半導體產業為例，也可以看出日本優劣勢所在。

在設備、材料、化學等需要長期研發投入的行業，是日本工匠精神最能發揮之處。至於產品設計與製造，一方面更新速度快，日本人的彈性與速度跟不上，另一方面過去四十年設計與製造分工的趨勢，日本也沒有抓到，因此讓韓國、台灣及中國大陸快速竄出。

至於晶圓代工龍頭台積電，當然也很重視研發與技術的投入，但台積電的事業終究是以製造代工為核心，更聚焦在製造效率的提升，因此得以在多樣少量的客製化邏輯IC上贏過南韓，並將製造管理精進升級到服務業的層次，終於開創出一個亞洲企業難以達到的新境界。

一位從事半導體自動化設備的日本老闆就跟我說，他發現日本會要求技術做到一百分才發表，但其實客戶並不一定需要這麼好的產品，要求那麼高，有時候推出時市場商機都已流失了。

但他觀察到台積電不是如此，台積電的良率也做得很好，但半導體製程工序繁複，需要不斷推進，若每一道都要求一百分，最後根本出不了貨。台積電只要做到讓客戶滿意的良率，就能夠做成生意。

在日本演講時，我也經常提到，在台積電熊本廠開啟台日合作大門後，接下來還可以朝三個新方向合作。

第一，在半導體部分，日本邀請台積電去熊本投資後，接下來可以更強化投資ＩＣ設計。台積電創辦人張忠謀先生在他的自傳裡提到，日本不要只想著做製造，應該把更多資源與力氣去做設計。台積電與美國合作，讓美國設計業大幅成長，如今跟日本合作，也希望促成日本ＩＣ設計快速進展，而台灣也有很強的ＩＣ設計生態鏈，是日本可以尋求緊密合作的對象。

第二，台日合作也不僅限於企業界。日本學術界擁有非常尖端先進的研發能量，日本也是獲得諾貝爾獎最多的亞洲國家，這麼深厚的學術內涵，可以與台灣商品化與大量製造的能力相結合，開發出更多影響全球的創新技術。

第三，台日合作也不只在高科技硬體部分，未來在更多的軟體及AI新創產業，也有深入結盟的機會。尤其是創新創業領域，都是目前台日兩國加強發展的重點，台灣與日本的創業家若能攜手合作，也將有機會在世界版圖上創造更龐大的商機。

長內厚教授書中多次提及日、韓、台、中等國競爭態勢，他認為日本要與台灣結盟，但也不要忽略與韓國與中國的合作。這是日本產業要脫離過去的極限，可以努力突破的部分。

我同意長內厚教授這個看法，日本的半導體逆轉戰略，當然要與其他各國維持一定合作關係。不過，我更認為，任何合作的基礎，都是植基於相互理解與價值認同，台日民眾的密切往來與深厚感情，遠超過日本與其他國家的關係，這是台日合作難以抗拒之處，也是合作可以開花結果的關鍵。也期待台日合作可以更展開，台日半導體產業一起攜手走向世界舞台。

推薦序

從野放到中央調控的半導體產業戰略

黃欽勇／DIGITIMES 暨 IC 之音董事長

日本人稱半導體是「產業之米」，無所不在的半導體是產業國力的指標，在美中貿易大戰、中國崛起的背景中，重量級的大國半導體產業戰略，也都從野放，演化到中央調控的新階段。中國的三階段大基金計畫，日本在熊本、北海道的布局，都有政府斧鑿的痕跡，而極可能當選韓國總統的李在明，在宣布參選下一任總統當天，就提出七百億美元的AI強國計畫，當中最重要的槓桿也是半導體。

未來的科技產業是「美中日韓台」共構的競合結構，美中兩國因為霸權爭逐，從定義遊戲規則到商品貿易都齟齬不斷，而日韓台位於美中對峙的第一線，每個國家都期望左右逢源、漁翁得利，但可能嗎？

言為心聲，文如其人，日本專家在觀察日本從四十多年前「日本第一」，到如今半導體最先進的自主技術卻是二〇〇八年年啟動的 40nm 製程，做為強盛世代的子民一定不勝唏噓。

日本能反敗為勝，再創新猷嗎？

這本書深刻地反省了日本之所以受挫的原因，在於過度迷信技術掛帥，忽略量產製造帶來的成本優勢。看似溫文有禮，內心卻十分驕傲的日本公司，忘記了客戶需要的是產品，而不是高掛牆上的技術指標，以頂級工匠聞名的日本，如今最缺乏的卻是半導體的量產能力。

當全球前二十大半導體公司中，日本僅剩下十五名以後的索尼（SONY）與瑞薩電子（Renesas Electronics），那麼我們可以說他們都不是「不可或缺」，而是可有可無。現在日本唯獨可以做為槓桿的是，全球市占率一半的半導體材料與市占率三成的設備業。但如同我們熟悉的日本一樣，他們還在瞻前顧後的顧慮「技術外流」的後果，而缺乏以設備材料為餌，挑戰產業格局的戰略意圖。

偷雞，不願蝕把米：難啊，難啊！

如果這本書的作者代表日本產業、學術界普遍的看法，那麼我只能說日本現在電子業的產業地位，甚至不如台韓兩國，想要在地緣政治的矛盾中同時討好美中兩國，那是緣木求魚。**作者不斷的強調日本過於重視技術，但卻缺乏策略上的創意與創新，這些論點也值得台灣檢討對日的產業戰略**。想要台日合作「資訊」先行，如果日本人對台灣產業的實力沒有足夠的認知，台日之間如何高唱「鳳求凰」這齣好戲呢？

從半導體領域觀察，現階段日本尚有一定實力的是設備材料業，這個行業過去是美日兩國相爭的局面，但現在美中大戰的背景下，「China for China」成為中國的重要國策。如果我們知道中國十二吋廠產能占全球比重將從二〇二四年的二六%提高到二〇三〇年的三五%；中國的設備業也將從現在六·

六%的市占率提高到二〇二七年的一五%，屆時他們將會是全世界僅次於美日兩國，具有半導體上下游整合能力的重量級大國。

產業不大不小，製程可有可無，現在芒刺在背的是進退失據的日本，找不出因應策略的也是日本，關鍵原因可能是「島國自我防衛」的文化心態使然。

在科技業裡，連結愈多、價值愈高。日本極少提出前瞻思維，嘗試打破產業與國際合作的框架。繼續敝帚自珍的日本，很可能會繼續在半導體的五強世界裡敬陪末座。

對台灣而言，日本是可以成為「槓桿」的籌碼，當很多人還在爭論台灣是「棋子」還是「棄子」時，突圍的關鍵也在於台灣的努力與策略創意。二〇二五年是台灣ＲＣＡ半導體導入計畫的五十週年，經歷半世紀磨練的台灣人，對於日本策略不會一無所知。他們既要迎娶台積電，背後又希望得到ＩＢＭ之助發展自己的 2nm 技術。日本高估了自己，也低估了台灣從半導體到ＡＩ伺服器整套產業供應鏈的價值，加上川普引發的關稅大戰，只有少數深具實力的半導體公司會維持投資進程，台灣人固然要了解日本，但日本人真的花了足夠的時間研究台灣，並奠定了對台戰略嗎？我懷疑！

前言

從智慧型手機、家電產品到汽車，幾乎都少不了半導體，半導體已然成為現代生活的必需品，最先進的半導體更是推動資訊科技、人工智慧（Artificial Intelligence, AI）等技術優劣的關鍵，其應用範圍不僅涵蓋民生用品，更深入軍事領域。烏克蘭與俄羅斯的戰爭中，使用大量的無人機、誘導軍事武器，多數都使用半導體，可以說半導體與軟體技術決定了戰爭的勝負。

然而，自二〇二〇年以來，全球爆發嚴重的晶片荒，導致汽車交貨期間延宕、電腦與智慧型手機等通訊器材未能及時供應，此外也對家電製品的生產、流通造成極大影響。

半導體嚴重短缺是多重因素所造成，由於新冠肺炎（Covid-19）而增加的遠距辦公，使得電腦、平板等設備需求急遽增加；汽車產業則是自動駕駛技術進步，用於汽車的半導體快速增加；烏克蘭危機、美中貿易摩擦，導致鍺（Ge）、鎵（Ga）等用於半導體的稀有金屬礙於出口限制，原料問題阻礙半導體正常流通也是一大原因。但一方面，二〇二四年開始出現半導體短缺問題獲得解決的報導，說明了這個產業充滿高度的不確定性。

此外，半導體短缺問題仍持續延燒，但並非所有種類的半導體都面臨缺貨。目前的半導體產品主要分為記憶體晶片（Memory IC）與邏輯晶片（Logic IC），簡單來說，記憶體晶片負責儲存資料，而邏輯晶片負責處理運算。目前短缺的是二十二至二十八奈米製程，也就是線寬二十二至二十八奈米等成熟製程的半導體，現在業界開始生產的則是更加高度精密、三奈米製程的先進半導體。

相較於三奈米製程，二十八奈米製程屬於成熟製程的技術，具體來說，在十年前左右是當時的最新技術。二十八奈米的晶片雖然不是用於汽車、家電產品的控制，或是智慧型手機、個人電腦的主要邏輯晶片，卻是各種機械控制必要的半導體零件。換句話說，並非所有最先進的邏輯晶片或記憶體晶片都處於短缺狀態，而且記憶體晶片價格在二〇二三年也呈現下跌趨勢。

成熟製程技術的半導體短缺，也是導致當前晶片荒遲遲未能解決的一大因素。對半導體製造商而言，最先進的半導體能夠帶來更大的利潤，因此他們不願意為了提高利潤較低的成熟製程半導體產量而進行設備投資。此外，半導體需求具有波動性，當需求循環結束後，半導體可能會再次供過於求，事實上，市場上已經開始出現這樣的憂慮。

根據部分媒體的報導，位於熊本、正在建設中的台積電二十二／二十八奈米製程工廠[1]，若在完工時半導體已無短缺問題，屆時可能面臨產品難以銷售的窘境。在這種情況下，各家公司不太可能積極且迅速地擴大二十二／二十八奈米製程的產能。

另一方面，日本的半導體製造市占率目前大約只有一〇％，日本原本半導體技術十分優異，過去市占率曾有超過全球一半的傲人成績，更有「半導體大

1　台積電熊本一廠於二〇二四年二月二十四日開幕啟用，並宣布將於同年年底前量產。

國」的美譽，如今的沒落，實在令人不勝唏噓。

在這樣的背景下，由日本經濟產業省帶頭，日本家電業界團體共同組成的電子情報技術產業協會（JEITA）曾發表聲明，認為日本半導體新創 Rapidus 的挑戰「是最大、也是最後的機會」。

日本半導體產業為何凋零，若想復甦需要什麼條件？

本書將從追求商業成功的經營學角度，而非日本企業容易沉溺的技術理論迷思，闡明日本半導體產業面臨的課題。

二〇二四年二月

長內厚

第 1 章

華為的七奈米衝擊

1 中芯國際的七奈米製程生產

二〇二三年八月中國智慧型手機製造商華為推出配備麒麟 9000s 晶片的旗艦手機 Mate 60 Pro 上市，這款晶片由中國晶圓代工廠中芯國際生產，採用了七奈米製程，消息震驚了美國和日本。中芯國際是一家總部位於上海的半導體製造商，過去一直被認為無法生產比十四奈米更先進製程的晶片。

這裡所說的製程指的是半導體製程，也就是半導體基板上的製程線寬，十四奈米製程代表製程線寬為十四奈米；七奈米製程表示製程線寬為七奈米，數字愈小，晶片愈精細。

目前市面上銷售的蘋果（Apple）手機 iPhone 15 Pro 配備的 A17 Pro 晶片，是採用最新的三奈米製程。說到七奈米製程，最早採用這種製程的晶片是二〇一八年開始銷售的 iPhone XS 配備的 A12 晶片。

乍看之下，華為在二〇二三年推出的 Mate 60 晶片採用七奈米製程似乎不足為奇，但七奈米之前的十四奈米製程與七奈米製程之間有著巨大的差異。

2 究竟什麼是半導體？

在討論為什麼中國製造七奈米製程的半導體能引起軒然大波前，我們先了解一下到底什麼是半導體？

物質大致上可以分為導體和絕緣體，導體很容易導電，絕緣體幾乎不導電，半導體則介於兩者之間，根據不同的條件控制導電性，常見的半導體材料有鍺（Ge）和矽（Si）。

半導體之所以特別，是因為我們可以透過不同的方式來控制導電性，在導電和不導電之間切換。這樣一來，我們就能夠利用半導體來控制電流。

讓我們更深入地了解半導體如何控制電流？接下來涉及的內容較專業，如果覺得太複雜，只要記得「半導體能夠控制電流」這點就足夠了，其餘說明可以直接跳過。

簡單來說，電流其實就是電子的流動，雖然我們常說電流從正極流向負極，但實際上電子傳輸的方向是由負極流向正極。這是因為電子帶有負電荷（帶

圖表 1-1　N 型半導體

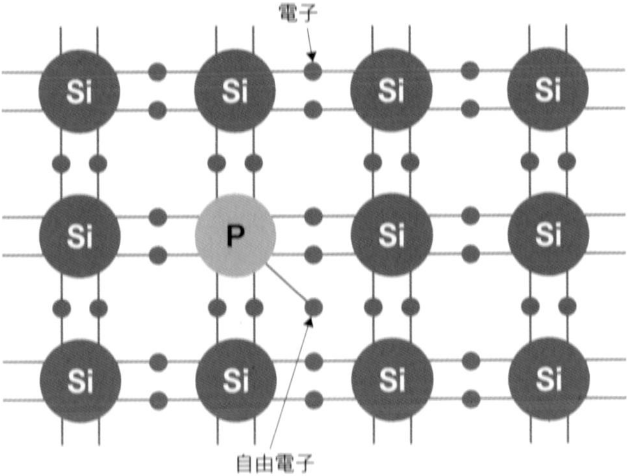

出處：作者製表

電物體所帶有的電量），會受到正極吸引，所以當電子移動時，電流朝反方向流動。

接下來我們要認識的是N型半導體（圖表1-1）。N型半導體是指半導體材料矽結晶當中，摻雜少量元素週期表中位於矽右方的磷（P），這個狀態下的物質就稱為N型半導體。

N型半導體幾乎都是由矽原子組成，但磷原子比矽原子多出一個電子（嚴格來說就是原子最外側的電子數量多出

圖表 1-2　P 型半導體

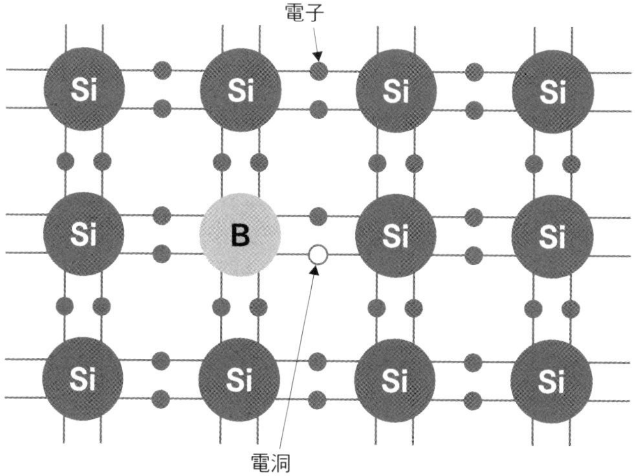

出處：作者製表

一個）的狀態。由於電子帶負電，所以 N 型半導體便持有與磷相同數量的多餘電子（帶負電），這些多出來的電子就稱為「自由電子」。

相反的，如果在矽晶體中摻雜少量元素週期表中位於矽左方的硼（B），N 型半導體摻雜磷而多出了自由電子，但加入硼時，則形成硼原子比矽原子少一個電子的狀態，成為缺少一個電子的電洞（Electron Hole），為了方便理解，我們將電洞視為帶有正電荷的粒子。這個狀態稱為 P 型半導體（上頁圖表 1-2）。

當電流通過 N 型半導體時，自由電子將被吸引到正極，由於電子的傳輸方向和電流相反，所以電流便由正極流向負極；如果讓電流通過 P 型半導體，電洞因為帶有正電荷，所以會被吸引到負極，因此電流依然從正極流向負極（實際上是電子填補電洞的位置，可以想像成電洞朝向電路的負極移動而形成電流）。

為了控制電流，必須接合 N 型半導體與 P 型半導體，稱為 PN 接合（圖表 1-3）。

當我們在 PN 接合半導體上，讓電流由 P 型端流向 N 型端時，P 型半導體中電洞往負極，也就是接合面移動；而 N 型半導體的電子則是往正極，同樣是往接合面移動。這時的接合面電子（負電荷）和電洞（正電荷）結合後消滅，取而代之的 N 型端有新的電子進入，而 P 型端形成新的電洞，亦即電流從 P 型端流向 N 型端。

接下來則是由半導體大顯身手的時刻，我們讓電流反向由 N 型端流向 P

圖表 1-3 PN 接合

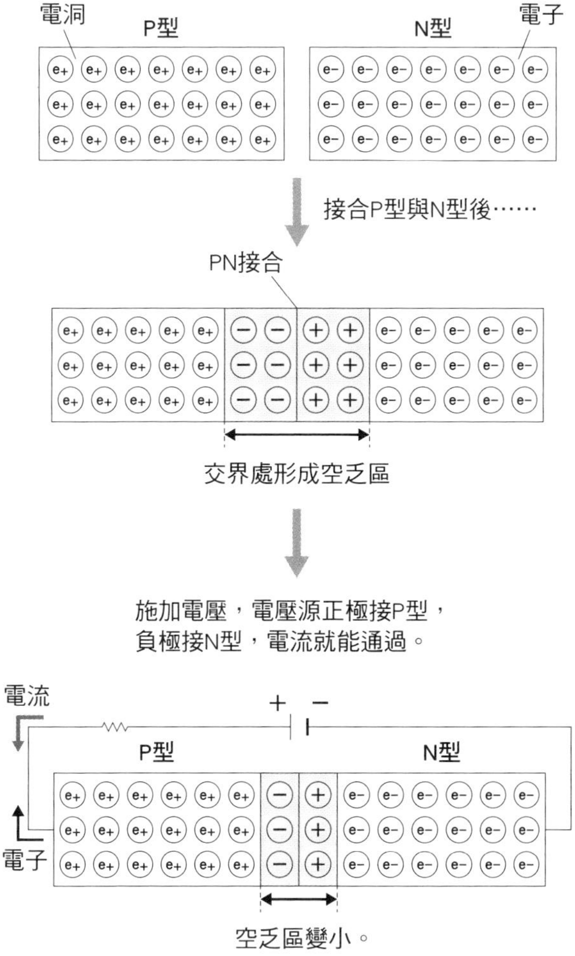

出處：東芝記憶體官網 https://toshiba.semicon-storage.com/jp/semiconductor/knowledge/e-learning/discrete/chap1/chap1-6.html

型端。這時電洞與電子的流向與剛剛相反，P型半導體中電洞往負極，也就是與接合面相反的方向移動；而N型半導體的電子，同樣往與接合面相反的方向移動。這麼一來，PN接合面形成一個既沒有電洞也沒有電子的空乏區（Depletion Region），電流無法通過。

總結以上的說明，半導體的PN接合，電流只能從P型端流向N型端，無法從N型端流向P型端，這種特性稱為「整流作用」。因為電流只能單向流動，我們可以利用PN接合面的整流作用，將交流電（電流方向不斷變化的電流）轉換成直流電（電流方向不變的電流），利用這個特性的半導體零件稱為「二極體」（Diode）。

3 為什麼半導體可以進行計算？

雖然我們已經離中國的七奈米晶片話題有些遠了，但再繼續深入說明一下，就能理解為什麼半導體能夠進行計算？

一般來說，半導體通常指的是積體電路（Integrated Circuit, IC），常稱為晶片。想像晶片是一個微型的電子工廠，其中包含大量的電子元件（例如二極體、電晶體等），根據用途的不同，可以分為邏輯晶片（用於運算）、記憶體晶片（用於儲存數據）及功率半導體（用於功率放大、功率控制）等。

此外，我們還可以根據晶片中容納的電子元件數量來進行分類，例如小型積體電路（Small Scale Integration, SSI）、中型積體電路（Medium Scale Integration, MSI）及大型積體電路（Large Scale Integration, LSI），雖然ＬＳＩ這個詞現在仍然經常聽到，但由於大多數晶片都已經是ＬＳＩ了，所以這個分類目前已經不太常用。

回到半導體的工作原理。我在上一節介紹過ＰＮ接合面的整流作用，接下來將在這一節介紹電晶體的開關作用（電晶體還有擴大訊號等其他功能，但本書將不討論這個部分）。

前面提到ＬＳＩ中容納大量的電晶體，以智慧型手機來說，其中的晶片包含大量電晶體，透過高速運轉計算，執行通訊及各種應用程式。

包括智慧型手機、電腦在內，都使用〇和一的二進位制來處理數據。在二進位制系統中，以〇表示電流未通過，以一表示電流通過，這樣每一條電流都可以使用〇與一的數字變化來顯示。

電晶體有NPN型和PNP型兩種，兩者電流流動方向相反，但基本功能相同。在這裡，我們以NPN型電晶體為例進行說明（圖表1-4）。NPN型電晶體有三個端子，連接N型和P型半導體，分別稱為射極（Emitter，N型）、基極（Base，P型）及集極（Collector，N型）。

透過基極電壓來控制從集極流向射極的電流（在PNP型電晶體中，電流方向相反），是電晶體作為開關的基本功能。當基極沒有電壓時，基極和射極之間的PN接合面會形成一個空乏區，阻止電流從集極流向射極；但若是在基極施加電壓，空乏區就會消失，部分電流會從射極流向基極（基極電流），但是由於基極的P層非常薄，大部分電流會從射極流向集極（集極電流）。也就是說，透過控制是否給基極施加電壓，我們可以控制射極和集極之間的電流，如同開關的功能一般。此外，當增加基極電壓時，集極電流會呈指數級成

圖表 1-4　NPN 型電晶體

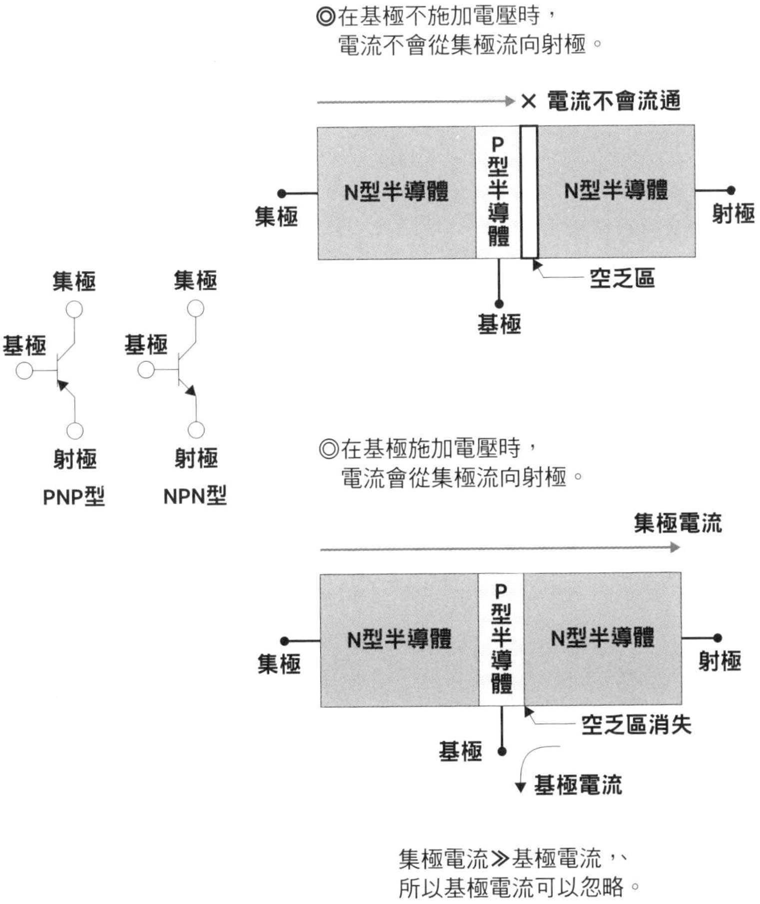

出處：作者製表

長，這就是放大電路的基礎。

順便一提，電腦只使用〇和一這兩個數字來進行二進位計算，並且依靠電路運轉，而利用電路上電流的通過與否來表示〇與一，也就是通電代表一，不通電代表〇，因此我們只需控制開關，讓電流通或中斷。換句話說，電腦本質上就是一個巨大的開關集合，事實上，早期的電腦就是利用繼電器（Relay）這種機械性開關來進行計算。

後來，隨著半導體電晶體的出現，取代繼電器，使電腦變得更小、速度也更快。隨著將大量電晶體整合在單一晶片上的技術提升，亦即形成積體電路時，電腦的性能、尺寸和功耗都有顯著進步。簡而言之，電腦的發展史就是將半導體晶片打造成更小、更複雜的開關集合的過程，透過在更小的面積上整合更多的開關，我們就能製造出性能更佳的半導體和電腦。

有關電的部分介紹到這裡。以電子電路或積體電路建構而成的晶片，主要就是靠半導體製程的電晶體對電子訊號進行調變或開關的作用，為了在一個晶片上整合大量的電晶體來進行複雜的計算，我們需要在有限的晶片面積上容納更多的電晶體。

製造半導體晶片時，我們會在矽晶圓上刻出難以計數的電路，並在上面安裝電晶體，如果我們能縮小這些電路的線寬，就能讓相同尺寸的晶片容納更多電晶體，這些電路線寬就被稱為「製程線寬」，也就是前面說的十四奈米、七奈米和三奈米等數字。因此，製程線寬愈小，晶片上就能容納更多電晶體，也就意味著這顆晶片的性能愈強，這就是為什麼我們總是追求更小的製程線寬來製造先進的半導體。

4 美國對中國半導體出口管制的目的

要在矽晶圓上蝕刻電路，必須進行微影曝光。所謂的微影曝光，就是將光照射到晶圓上，將電路圖案轉印到晶圓上的過程。

整個半導體製造過程大致分為以下幾個步驟：

一、成膜（薄膜沉積）：在矽晶圓上沉積一層二氧化矽（SiO2）等薄膜，作為未來電路圖案的基礎（圖1-5的①）。

二、塗上光阻劑：在晶圓上塗上一層感光樹脂，稱為光阻劑（圖1-5的②）。

三、曝光：經由光阻劑的感光作用，將刻有電路圖案的光罩放在光阻劑上，進行曝光（圖1-5的③）。

四、顯影：經過曝光後，洗去光阻劑上未曝光的部分，留下電路圖案（圖1-5的④）。

五、蝕刻：用蝕刻液去除沒有光阻劑保護的部分，在晶圓上形成電路圖案（圖1-5的⑤）。

六、去除光阻劑：清洗掉殘留的光阻劑，完成電路圖案的製作（圖1-5的⑥）。

圖案轉印的細緻程度，取決於光刻機的解析度。而解析度由（製程係數）×（波長）／（數值孔徑）決定，這個值愈小，解析度愈高，因此為了製造性能更高的光刻機，製程係數和波長需要愈小愈好，而數值孔徑則要愈大愈好。

讓我們將焦點放在波長上。這裡指的是用於曝光時的光源波長，過去使用

圖表 1-5　半導體的製造過程

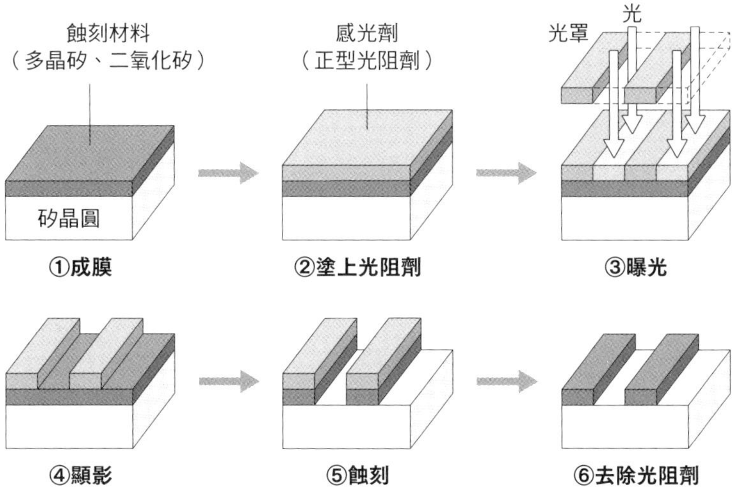

出處：日立先端科技官網 https://www.hitachi-hightech.com/jp/ja/knowledge/semiconductor/room/manufacturing/etch.html

的光源是氟化氪（KrF）準分子雷射和氟化氬（ArF）準分子雷射，雖然稱為光，但並非肉眼可見的光，而是波長更短的紫外線，以KrF準分子雷射光來說，波長為二百四十八奈米，而ArF準分子雷射的波長為一百九十三奈米。至於極紫外光（EUV）光源的波長更短，僅為十三·五奈米。從這個數字就可以看出，與傳統的KrF和

ArF 相比，EUV 光刻機更適合用於製造極其精細的製程。

當製造十奈米以下的先進半導體時，必須使用 EUV 光刻機，日本的製造商有能力生產 KrF 和 ArF 光刻機，過去佳能和尼康等企業的光刻機占有極大市占率。

然而，過去半導體業界對於 EUV 光刻機，普遍認為是由比利時微電子研究中心愛美科（Interuniversity Microelectronics Centre, IMEC）進行研發，而荷蘭的光刻機設備製造商艾司摩爾則壟斷了市場。這意味著，如果無法取得艾司摩爾製造的光刻機，就無法製造十奈米以下的先進製程半導體。

因此，美國為了防止 EUV 光刻機設備流向中國，除了對日本和台灣，同時也向歐洲各國施壓，以加強對半導體相關設備和材料的出口管制。然而，華為最新款智慧型手機竟使用理論上中國無法生產的七奈米製程晶片，此消息一出，在美、日兩國掀起巨大波瀾，也凸顯了圍堵策略的局限性。

5 中國如何製造七奈米晶片？

華為智慧型手機上市後，許多研究機構運用逆向工程（Reverse Engineering）[1]對麒麟 9000s 進行分析，結果發現，中芯國際確實製造出七奈米製程的半導體。那麼，中芯國際究竟是如何製造出七奈米製程的半導體呢？

前面說過，製造十奈米以下的先進製程需要ＥＵＶ光刻機，但中芯國際由於歐美的制裁，理應無法取得ＥＵＶ設備。雖然確切的細節還不清楚，但中芯國際很可能在沒有使用ＥＵＶ的情況下製造出七奈米晶片。

技術管理顧問湯之上隆指出，在假設中芯國際並未獲得艾司摩爾技術的前提下，中芯國際可能採用雙重曝光的方式製造出七奈米晶片[2]。

---

1 逆向工程源於商業及軍事領域中的硬體分析，主要目的是在無法輕易獲得必要的生產資訊下，直接從成品的分析，逆推產品的設計原理。

2 https://jbpress.ismedia.jp/articles/-/77307

圖表 1-6　雙重曝光

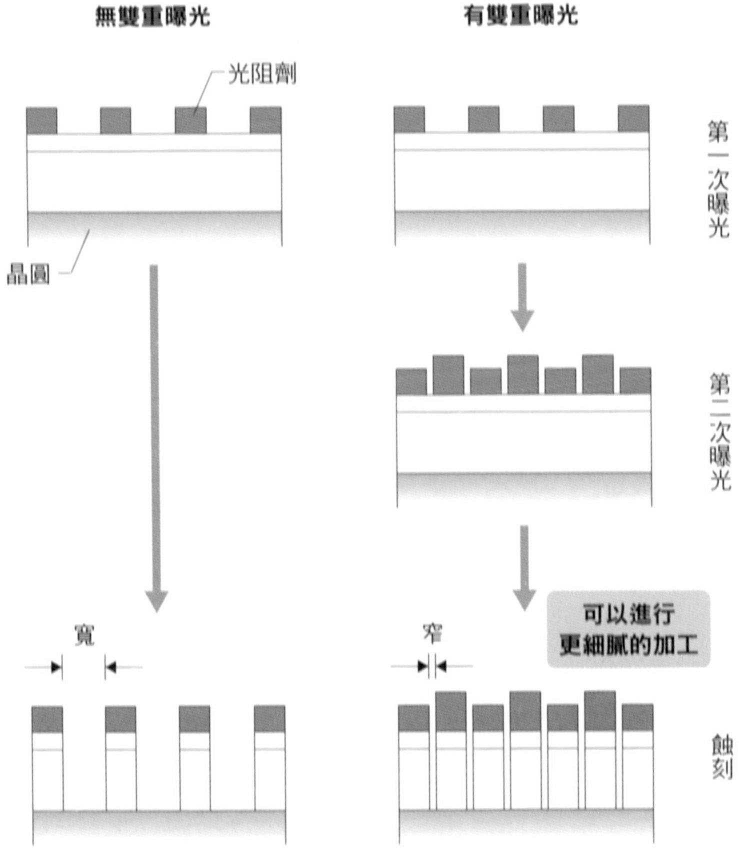

出處：SCREEN 官網 https://www.screen.co.jp/spe/technical/guide/double

所謂雙重曝光，就是進行兩次曝光。如圖表1-6所示，透過第一次和第二次曝光時偏移位置，可以在更小的範圍內蝕刻圖案。中芯國際可能利用這種方式，在不使用新設備的情況下，製造出通常無法製造的七奈米製程。

全球最大的財經資訊公司彭博社二〇二三年十月二十五日報導，中芯國際利用深紫外光（DUV）光刻機（使用ArF或KrF等性能比EUV差的光刻機統稱）製造出七奈米製程的晶片。報導中提到：「主要關鍵的處理器製造，使用歐洲市值最高的科技公司艾司摩爾的DUV光刻機以及其他多家公司的工具。知情人士以保密為由，匿名透露這個消息。由此可見，為了遏制中國的半導體生產技術進步，對艾司摩爾的出口管制可能已經太晚了[3]。」

此外，報導還指出，「雖然艾司摩爾在最先進晶片製造所需的EUV光刻機市場居主導地位，但由於出口管制，無法向中國出售EUV設備。然而，業界分析師指出，透過調整性能較低的DUV設備，也可以製造七奈米甚至

3 https://www.bloomberg.co.jp/news/articles/2023-10-25/S337B8TIUM0w01

更先進的晶片。不過，與使用ＥＵＶ相比，這種方式成本更高，在競爭激烈的環境中大規模生產極具挑戰性。」然而，對於中芯國際來說，可能由於得到中國政府的大力支持，可以不計成本進行研發。

彭博社在二〇二三年十一月二十二日更進一步報導，台積電前副總裁蔣尚義表示：「中芯國際已經擁有的艾司摩爾光刻機，應該能夠進一步製造更強大的五奈米半導體[4]。」

然而，二〇二四年一月五日，彭博社卻又報導另一則關於五奈米製程的消息。他們委託研究公司 TechInsights 拆解華為的新款筆記型電腦 Qingyun L540，發現該電腦安裝的是二〇二〇年由台積電製造的五奈米晶片。這個結果顯示，華為的國內半導體製造夥伴中芯國際在半導體製造技術上取得重大突破的觀點相悖，顯示中芯國際可能仍無法獨立製造五奈米晶片[5]。

儘管如此，中國在半導體製造技術上不斷進步是不爭的事實。二〇二二年，中國半導體產業的銷售額已達一千一百七十億美元，超越韓國的八百二十九億美元，並逼近台灣的一千二百三十一億美元[6]。相較之下，日本的半導體產業僅有二百八十九億美元。

日本曾是半導體強國，一度囊捲全球半導體產量的半壁江山。詳情我後面會再說明，但自一九九〇年代以來，日本的半導體產業逐漸衰落，在先進半導體的研發和製造方面遠遠落後於台灣和韓國。如今，中國又崛起成為新的半導體強國，日本半導體產業該如何應對當前的挑戰，尋求生存之道呢？

---

4 https://www.bloomberg.co.jp/news/articles/2023-11-22/S4I1S5T1UM0w01

5 根據彭博於二〇二四年十月二十三日報導，台積電確認為其特定客戶製造的先進製程晶片被使用於華為產品後，大約於十月中旬已停止向該客戶出貨。

6 https://forbesjapan.com/articles/detail/49231

第 2 章

JASM 可能成為比 Rapidus 更關鍵的轉捩點

1 對 Rapidus 的疑問

在中國開始製造先進半導體的報導中，日本國內最受注目的半導體話題，莫過於二〇二二年八月成立的日本半導體公司 Rapidus。

Rapidus 是由日本首相岸田文雄主導，在支持最先進新一代技術開發的重點政策推動下成立的企業，由豐田汽車、ＮＴＴ、電裝（Denso）、軟銀等八家公司共同出資，目標在日本國內量產半導體，目前已確定在北海道千歲市設廠，據說國家預算將逐步撥款兩兆日圓。

國家大力支持，投入大量資金，這原本是件欣喜的事。但我認為，Rapidus 設定的目標，就如同從未參加過縣運會或全國運動會的運動員逕行挑戰奧運會，不禁令人對於 Rapidus 能否達成目標抱持懷疑。

Rapidus 社長小池淳義曾試圖與日立和台灣第二大晶圓代工廠聯電合作，在日本建立晶圓代工廠，但成立的 Trecenti 科技公司最終以失敗收場。

這次，小池表示將與ＩＢＭ、愛美科及其他公司合作，不再依賴日本現有的半導體企業。然而，即使能從合作夥伴獲得先進半導體的產品開發和製造設備技術，也並不能保證就能順利量產。

此外，Rapidus 更表示不追求規模，而是希望成為中型晶圓代工廠。然而，半導體產業是典型的資本密集產業，非常著重規模經濟效益，中型晶圓代工廠能否成功，這條路恐怕會非常艱辛。

2 日本半導體產業的衰退

在說明為什麼我會對 Rapidus 有這樣的疑慮之前，我想先談談半導體產業的本質，以及日本半導體產業面臨的挑戰。

半導體根據其用途，大致可分為用於儲存資訊的記憶體晶片，以及用於運算的邏輯晶片，目前邏輯晶片的產品開發通常分為負責電路設計的無廠企業，以及負責產品製造的晶圓代工廠，而可以自行包辦半導體設計到製造的公司稱為「垂直整合製造商」（Integrated Design Manufacturer, IDM），日本的半導體企業大多屬於此類。

日本過去在半導體產業的成功主要是記憶體領域，甚至曾一度壟斷全球市場。然而，美國也希望在中央處理器（Central Processing Unit, CPU）等邏輯晶片型的產品及記憶體領域都能取得全球市占率，這導致一九八〇年代的日美半導體摩擦。最後，日本被迫簽署對自己不利的《日美半導體協議》。

半導體原本就是一個需要投入大量資金購買及維護生產設備的產業，規模經濟效益是企業存亡關鍵，簡單來說，就是生產規模愈大，利潤就愈高，能夠以低成本大量生產的企業，透過激烈的價格競爭打敗對手，更容易獲得高額的利潤。然而，由於《日美半導體協議》的限制，日本企業無法再透過降低售價來爭奪市占率，也就無法充分發揮規模經濟的優勢。

由於失去價格競爭力，日本企業在半導體市場的獲利能力大幅下降。這導致日本企業在後續的研發和生產中投入不足，逐漸落後於其他國家。

3 韓國和台灣的半導體產業現況

當日本因日美半導體摩擦及其後的不對等協定而苦苦掙扎時，韓國也開始投入生產日本擅長的動態隨機存取記憶體（DRAM）；同一時期，台灣則以政府研究機構的工研院為中心，將重點放在邏輯晶片的開發與商業化。而後，韓國在記憶體市場，台灣在邏輯晶片製造分別取得領先地位，但兩者都沒有像日本一樣受到美國嚴格的制裁。

為什麼韓國和台灣能夠倖免於美國的制裁呢？以韓國的DRAM來說，是得利於時機恰到好處。當然，美國並非完全未施壓，然而，當韓國在DRAM領域成功時，DRAM已經開始商品化，商業價值大減，美國的關注度也隨之降低，因此韓國得以獲得剩餘利益。

至於台灣成功的原因，可以歸結於一九八〇年代末期，工研院轉型為「無廠企業＋晶圓代工」模式，當時這個做法被認為有違一般常識。所謂的無廠企業，是指專注於設計，不進行製造；晶圓代工廠則專注於製造，不進行設計。

透過這樣的模式，台灣藉由專業晶圓代工，低價為美國企業生產製造，和美國的無廠企業建立互惠關係，從而避免美國的制裁。此外，隨著日美半導體摩擦，美國經濟也從製造業轉向服務業和軟體業，這也為台灣的發展創造出有利的外部環境。

4 日本半導體企業的問題點

比較日本、韓國和台灣的半導體產業，儼然日本的衰落完全是受到日美關係的外部因素拖累，但實際上日本企業自身也存在諸多問題。

首先，日本企業對於市場動向的判斷不足（包括未能洞察美國的過度反彈），忽視生存必要的製造策略。此外，過度執著製造技術優良的產品，卻沒有追求規模經濟，導致陷入低收益的商業模式。

而且，日本自詡（或是自滿）身為技術大國，認定「不需要盲目追求數量，只要產品具備差異性就能取得競爭優勢」，因此避免採取成本導向的大規模生產策略，但同時，作為大企業又需要一定的銷量，結果陷入低收益性的商業結構。有關這一點我打算後面再詳細說明。

過去日本的製造業為了追求低廉勞動力，將工廠遷移到亞洲各地，或許因為這個緣故，日本企業形成一種「在日本無法以低成本大規模生產」的刻板印象，或者由於《日美半導體協議》禁止削價競爭，日本企業養成追求少量、高附加價值生產的習慣。無論如何，日本企業，尤其是電子產業，傾向避免成本導向策略，而選擇產品差異化策略。

然而，不僅是半導體，在太陽能板、液晶面板等電子產品領域，同樣的窘境一再重演。日本企業率先開發出尖端技術，發展成穩固的產業後，卻執著於追求更進一步的差異化，而韓國、台灣、中國等新興勢力則專注於降低生產成本，恰好坐收漁翁之利，使得這些領域的市場被海外勢力全盤壟斷。

5 對 Rapidus 的疑問與擔憂

Rapidus 大張旗鼓宣稱要成為最先進半導體企業，我之所以存在諸多疑問和不安，其中一個原因是 Rapidus 表示將採用少量多樣的生產模式。

路透社（二〇二三年十二月二十二日）報導：「半導體業界相關人士對 Rapidus 的少量多樣生產模式表示懷疑，認為『無法透過提高產量和良率來降低成本，能否有效控制成本令人擔憂』[7]。」

晶圓代工產業的利潤多寡，關鍵在於能否透過大量生產降低成本。而 Rapidus 屬於半導體製造產業，卻不追求數量，反而標榜少量多種類生產，這不禁讓人想起日本飽嘗艱辛的過往錯誤，也使得許多專家對 Rapidus 能否成功達成目標表示懷疑。

此外，Rapidus 打算直接跳過中間尺寸的製程，從日本過去生產的四十奈米製程直接越級打怪，挑戰二奈米製程。

關於這點，前述的路透社報導引用熟悉半導體市場的英國調查公司 Omdia

總監杉山和弘的評論：「由於缺乏量產最先進半導體的經驗，因此量產的門檻相當高。」這也顯示專家對於 Rapidus 缺乏經驗而產生的憂慮。

創新最後被定義為「為企業帶來經濟利益的事物」。創新本質上是為了創造經濟價值的新組合，不論新技術再怎麼優異、方便，一旦無法獲利，就只停留在發明（Invention）階段，而非創新（Innovation）。製造二奈米晶片不是目的，而是獲利的手段，因此不僅要製造，還必須從中獲利才有意義。

此外，日本長期以來一直有將創新簡化為技術革新的傾向。奧地利經濟學家熊彼得提出的創新概念，將開發新產品和新製造方法列為創新的例子，但這並非全部。他還舉例說明，新的銷售方式、新的供應商開發、新的組織設計等，也可能帶來經濟利益，屬於創新。也就是說，創新是產生經濟利益的新想法和策略的總稱，不應限縮於新產品技術。

特別是在日本，人們往往認為創新就是創造新的東西，但創造新東西的價

7 https://jp.reuters.com/markets/japan/DQYJARSB45P6RGGDO3L7AIM7MY-2023-12-22/

圖表 2-1　價值創造與價值獲取

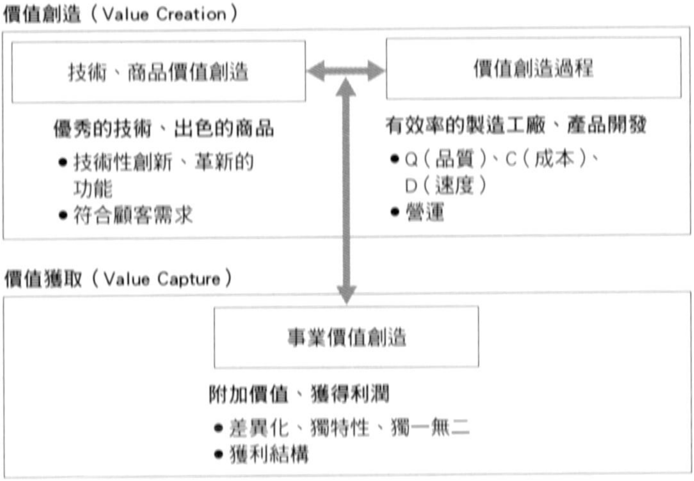

出處：延岡健太郎、伊藤宗 、森田弘一（2006）DP-RIETI Discussion Paper Series 06-J-017《商品化導致價值獲取失敗：數位家電的案例》

值創造（Value Creation）只不過是創新過程的一部分，從價值創造中獲取利益的價值獲取（Value Capture）過程，才是創新不可或缺的要素（圖表2-1）。

認為價值獲取是行銷和業務的工作，與工程師無關，這個想法大錯特錯。價值創造和價值獲取，最初是麻省理工史隆管理學院在教授「創新」概念時的架構。

大阪大學教授延岡健

太郎指出，「日本擅長利用高技術能力創造價值，卻不擅長運用策略獲取價值。」

如何確保新技術能為國家或公司帶來利益，如果沒有進行充分的價值獲取討論，無論創造出多少新事物，都只是自我滿足而已。

順帶一提，「日本無法低成本大量生產」的說法已經不合時宜。半導體產業不同於勞動密集型的組裝加工，人事成本的差異並非主要問題。此外，考慮到研發和管理成本，日本工程師和管理人員的薪資在亞洲也並非最高，因此不該認定日本的人事成本一定最高。

因此，考慮到物流成本、交貨時間、國外通關問題等風險因素，將產品在海外低成本生產後再進口到國內，未必是最佳模式。

從惠普拆分出來的個人電腦大廠惠普日本分公司日本ＨＰ，將在東京製造針對日本國內市場的個人電腦，並且標榜「東京製造」（Made in Tokyo），據說這是因為相較於在海外生產，若是在東京製造，在快速交貨和精準庫存管理方面具有更大的優勢。

既然連像個人電腦組裝這樣的勞動密集型工廠都可以設置在東京，日本的製造業是否也應該重新考慮在日本生產的優勢呢？

第3章

力邀台積電設廠以求日本半導體產業復甦

1 對熊本 JASM 的期待

讓我們回到半導體的話題。雖然有人認為日本的半導體產業不可能東山再起，但另一方面，也有人認為仍然不可小覷日本半導體材料和設備的競爭力。的確，日本擁有優良的半導體相關材料和設備製造商，但是，並非所有領域都只有日本一枝獨秀，從圖表3-1可以看出，日本只有在矽晶圓等少數材料方面具有壓倒性的優勢。

雖然日本在半導體製造設備方面擁有高達三一%的市占率，但特別是在用於半導體的載體——晶圓上蝕刻電路的曝光設備，曾經領先的佳能和尼康在技術上已經落後於荷蘭的艾司摩爾，最先進晶片不得不依賴荷蘭的光刻機。

儘管如此，日本仍然擁有東京威力科創（Tokyo Electron）、愛德萬測試（Advantest）、迪恩士集團（SCREEN）、國際電機（Kokusai Electric）等強大的半導體設備製造商。

如前所述，日本晶圓生產龍頭信越化學工業（Shin-Etsu Chemical）和勝高

圖表 3-1　半導體主要技術幾乎都由美國掌控（半導體各領域市占率）

	市場規模（10億美元）	美國	台灣	歐洲	日本	中國	韓國
半導體晶片（最後成品）	473	51%	6%	10%	10%	5%	18%
設計軟體	10	96%					
矽智財	4	52%		43%		2%	
半導體製造設備	77	46%		22%	31%		
晶圓代工	64	10%	71%			7%	9%
後端製程	29	19%	54%			24%	
晶圓	11		17%	13%	57%		12%

註：深灰＝市占第一；淺灰＝第二；5%以下省略
出處：太田泰彥《半導體地緣政治學》（增訂版）日本經濟新聞出版

（SUMCO）這兩家日本公司囊括全球近半的市占率。進一步看看其他各種材料，用於晶圓上燒製圖案的光罩，由凸版集團（TOPPAN）和大日本印刷（Dai Nippon Printing）持有五〇%的市占率；光阻劑則由JSR、東京應化工業（Tokyo Ohka Kogyo）、信越化學工業、住友化學、富士軟片等五家日本公司持有九〇%的市占率。雖然荷蘭的艾司摩爾席捲EUV光刻機市場，但日本手中依然掌控了不可或缺的

EUV光阻劑。

過去半導體零件工廠多數設置在半導體工廠附近，可以說是因為設備廠和半導體愈能密切溝通，產品與技術開發就愈容易，因此日本的零件工廠或設備廠為了工作運作更順利，在日本有強大的半導體顧客極其重要，換句話說，為了強化日本半導體相關產業，日本的半導體產業本身也必須強化。

雖然日本在半導體的生產現況說不上亮眼，但前景令人期待。這是因為成功招攬全球最大的半導體製造企業台積電在日本設廠，索尼集團與電裝合資，在熊本成立日本先進半導體製造公司（Japan Advanced Semiconductor Manufacturing, JASM），生產二十二／二十八奈米與十二／十六奈米的半導體。雖然主要由台積電出資，但據聞日本政府也成立六千億日圓規模的基金，多數用於新工廠的補助。

我個人更看好JASM的前景勝過Rapidus。

其中一個原因是，日本終於成功招攬強大的亞洲企業來投資。回顧過去，二〇一五年夏普被台灣鴻海集團收購，同時東芝的家電部門和電視部門也被中國企業收購，媒體大肆宣揚技術外流的擔憂。

在此之前，二〇〇〇年代中期，有別於夏普和松下，沒有自製液晶面板的索尼與韓國三星（Samsung）合作成立 S-LCD 公司，以確保面板的穩定供應。當時，經濟產業省和媒體也曾批評，指稱日本的技術將會外流。

雖然現在這種想法似乎已經淡化許多，但當時只要提到與亞洲國家的合資，幾乎都會出現技術外流的話題。水往低處流，這種說法是建立在日本技術處於領先地位的前提。

日本在各個領域的技術處於壓倒性優勢的時期是一九八〇年代到一九九〇年代。儘管二〇〇〇年以後，在電子產業，特別是製造技術方面，日本已被韓國、台灣和中國超越，但似乎有些人仍然抱著日本處於上風的幻想。

我認為，這種幻想源於日本人潛意識對亞洲國家的偏見。簡單來說，日本人潛意識自認日本比其他亞洲國家優越，不願承認日本的技術可能落後於台灣或中國。這就像曾經在汽車和電子產品領域絕對領先的美國，被視為二流國家的日本迎頭趕上，以致對日本採取各種制裁措施，也是基於同樣的心理。

考量到這樣的歷史背景，這次日本企業以禮相待，力邀台積電到日本設廠，日本政府也表明大力支持，顯示日本的意識已經發生重大變化，這件事本身就非同小可。

此外，與全球最大的半導體製造商台積電，以及全球最大的互補式金屬氧化物半導體（Complementary Metal-Oxide-Semiconductor, CMOS）影像感測器製造商索尼合作，對於日本來說是一個巨大的加分，弱者聯盟是不行的。

包括松下與索尼的有機發光二極體（Organic Light-Emitting Diode, OLED）面板部門合併而成的 JOLED，以及整合索尼、東芝、日立和松下中小型顯示器部門的日本顯示器公司（Japan Display, JDI）等案例，日本過去的高科技產業支持往往以「日之丸半導體」、「日之丸液晶」等口號，鼓勵國內企業重組，但大多以失敗告終。究其原因，就是因為這些都是弱者聯盟，想要成功，與最強的對手合作是基本條件。

舉例來說，索尼與韓國三星共同成立 S-LCD 時，當時的副社長、PlayStation 的創始人久夛良木健曾指示：「如果要合作，就和世界上最強的公司合作，那就是三星。」正是基於這樣的理念，S-LCD 才得以成立。

島國性格濃厚的日本人觀點往往較為封閉，但放眼世界，與世界上最強的公司合作才是最重要的，與台積電攜手合作的 JASM 就是最佳實例。

2 追求最大需求而非最先進技術

另一個關鍵是，JASM 並非一個製造最先進半導體的基地。衡量半導體技術先進與否的技術指標是製程尺寸，在矽晶圓上繪製電路時，電路的線寬稱為「製程」，數字愈小表示線寬愈細，相同面積內可以容納更複雜、性能更高的電路，因此數字愈小表示製程愈先進。

日本目前能獨立製造的製程僅限四十奈米，這相當於二〇〇八年左右的技術。而在熊本建設的第一座工廠預定生產二十二至二十八奈米製程的產品，這在十幾年前是最先進的技術，同時也彰顯出日本的半導體產業嚴重落後，甚至無法獨立生產二十二至二十八奈米級的製程。

目前，世界已經開始生產三奈米與二奈米等最先進製程的半導體，二〇二二年發售的 iPhone 14 使用的晶片為五奈米製程，iPhone 15 則為三奈米製程，而二十八奈米製程相當於十多年前上市的 iPhone 5 所配備的三星晶片，換句話說，技術大約相當於 iPhone 5 與 iPhone 14、iPhone 15 之間的差距。

事實上，台積電應美國政府的要求，決定在美國亞利桑那州建設最先進三／五奈米製程的工廠。對於美國建設最先進製程工廠，而日本卻建設落後四、五代的二十二／二十八奈米級的工廠，外界也持懷疑態度。

讀者可能也會納悶：「現在建設老舊製程技術的工廠有什麼意義？」但這正是關鍵所在。儘管最近半導體短缺，但有些半導體供過於求，有些則供不應求。

直到二〇二二年左右，例如蘋果最新款 Mac 或 iPad，雖然部分產品的供應確實不足，但最先進三奈米和二奈米晶片似乎都能夠確保供應。電子產品不是只需要最先進的晶片，也需要各種其他組件才能組裝成完整的產品。

有一些零件，例如用於電源電路、顯示液晶、控制音量大小等零件，這些較便宜的零件使用的舊世代成熟製程的半導體。即使是最先進的設備，其中大量使用的半導體也可能是使用包括二十二至二十八奈米在內的成熟製程晶片。

目前市場上對於二十二至二十八奈米製程的半導體需求量，遠超出十年前的預期，其中一個原因是近年來個人電腦和平板電腦等的需求急遽增加，另一個原因是汽車的需求。

現在的汽車已經成為電子零件的組合，晶片是不可或缺的零件。尤其是汽車需要在諸如振動、灰塵、劇烈溫差等惡劣環境下使用的產品，相較於最先進的零件，更適合使用經過驗證的穩定零件，因此具有良好記錄和穩定品質的二十二至二十八奈米製程產品就成為首選。

此外，必須補充說明的是，過去日本企業往往過於注重新技術、獨特技術，以及與其他產品的差異化，卻輕忽市場、客戶及需求等商業角度。從這次日本企業決定生產十年前的半導體，顯示他們已經考慮到客戶和市場的需求，令人感受到他們產生巨大的意識變化，尤其是曾經強烈批評索尼與三星合資的日本經濟產業省，這次卻核准這項合作，不禁令人感嘆今非昔比。

3 政府意識轉變，從商業角度提供支持

JASM 的初始工廠建設總投資額據說達到八十六億美元，雖然大部分由台積電出資，但日本政府也提供約六千億日圓的基金補助。

近年來，全球普遍認識到二十二至二十八奈米級的半導體供不應求。但儘管如此，要為擴大產能而新建工廠並進行設備投資並不容易。台灣的台積電二十八奈米產線已經運轉十年以上，估計應該已經完成折舊。新工廠和完成折舊的工廠，成本結構完全不同。

因此，從商業角度來看，在日本熊本新建工廠可能會產生虧損。日本政府之所以提供相當於十年折舊費的資金補助，正是為了彌補這一點。雖然是新工廠，但在折舊成本方面，可以與十年前的台灣工廠處於平等的競爭條件，可以說，日本政府替這十年的折舊費買單。

以往，日本政府的補助主要集中在生產與開發新技術上，而如何與世界在同一舞台競技卻被輕視。從這個意義上說，這是日本首次從商業角度出發的科

技政策。

這也是熊本工廠的劃時代意義，與 Rapidus 形成鮮明對比。熊本的重點是如何在日本建立業務，而 Rapidus 則是追求日本向來喜愛的最先進技術，這正是兩者的區別。

由此可見，經濟產業省同時採取兩種性質截然相反的半導體培育政策：一是支持 JASM，投資於穩定性高的技術；一是支持 Rapidus，投資於具有高度不確定性的技術。這似乎是經濟產業省將低風險低回報的 JASM 支持，和高風險高回報的 Rapidus 支持巧妙地結合在一起，形成絕佳平衡的投資組合。

由於台積電在亞利桑那州的新工廠因工期延誤[8]，以及熟練工人短缺[9]等問題，預計將於二〇二五年投入營運，與順利運轉的 JASM[10] 形成鮮明對比。

---

8 https://jp.reuters.com/business/technology/CPBWRKS7KFJ5TADPIFE2RJEWNU-2023-09-15/

9 https://www.asahi.com/articles/ASR7N628DR7NUHBI01Z.html

10 https://www.nikkei.com/article/DGXZQOJC141DJ0U3A211C2000000

因此，最近有人開始認為，日本經濟產業省的半導體政策非常出色。

4 索尼、蘋果、台積電的三角關係

JASM 新工廠旁邊是索尼的 CMOS 影像感測器工廠，CMOS 影像感測器是一種將影像轉換為電訊號的設備，使用於自動駕駛的感測器、智慧手機、數位相機等。索尼在 CMOS 影像感測器市占率達四五%，是業界的領頭羊，在日本半導體製造產業中排名高於瑞薩電子（Renesas Electronics）、鎧俠（Kioxia，舊東芝記憶體）（圖表 3-2）。

CMOS 影像感測器也屬於一種半導體元件，使用光電二極體將光轉換為電訊號。索尼的 CMOS 影像感測器是由表面用於將光轉換為電訊號的感測器晶片（光電二極體），以及背面用於控制感測器的邏輯晶片（畫素電晶體）組成。只有感測器本身無法發揮相機功能，因此相機模組製造商會將鏡頭、電路板等組件與 CMOS 感測器組合起來，製成相機模組，然後出售給智慧型手機製造

圖表 3-2　2021 年智慧型手機影像感測器全球市占率

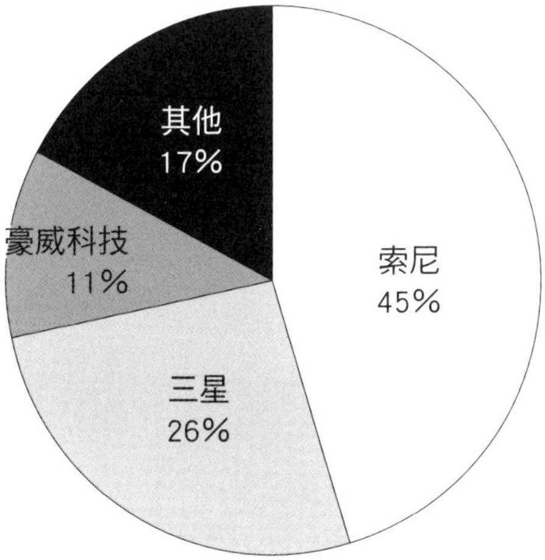

出處：https://xtech.nikkei.com/atcl/nxt/column/18/01231/00058/

商。

目前索尼雖然在 CMOS 影像感測器領域是市場的領頭羊，但曾經一度打算製造整個相機模組，後來卻退出了這一事業[11]。現在索尼只專注於製造感測器，更具體地說，是專注於生產表面的感測器晶片，邏輯晶片則從外部採購。

市占率第二的三星，原本

11 https://www.nikkei.com/article/DGXLASDZ07IKV_x01C16A1TJC000/

就擁有半導體工廠，因此可以自行生產邏輯晶片，而索尼如果因半導體短缺導致邏輯晶片的調度遲滯，就有可能被三星超越。儘管如此，索尼目前正在大量投資，加速感測器的生產，力求不要輸給三星，但邏輯晶片仍然需要從其他公司（台積電）大量採購。

索尼增加半導體產量是極其明智的判斷，半導體產業就是一場產量多者為勝的角力，索尼增加感測器的產量正是為了贏得市場。索尼已經預見與台積電合資的工廠前景，而這座工廠生產的正是模組所需的背面半導體——二十二／二十八奈米製程的半導體。

目前索尼的 CMOS 晶片主要使用四十奈米製程的邏輯晶片，但未來二十二奈米將成為主流[12]。一旦熊本的台積電工廠開始生產，索尼就能穩定供應二十二／二十八奈米製程的半導體，屆時索尼在 CMOS 影像感測器市場的領先地位將無可撼動，能夠持續穩居日本少數幾家半導體製造商的龍頭寶座，因此為了維護 CMOS 影像感測器的領先地位，就需要熊本的台積電工廠。

據台灣媒體報導，台積電進駐熊本的幕後推手其實是蘋果公司[13]。三星是蘋果在智慧型手機領域的競爭對手，因此蘋果不希望影像感測器被三星掌握主控權，而傾向支持索尼的影像感測器。當蘋果得知日本正在積極招攬台積電時，就強烈建議台積電與索尼合資，由於蘋果是台積電三奈米、五奈米等最先進晶片的主要客戶，因此當蘋果要求台積電協助索尼時，也讓台積電決定進駐熊本。

即使日本如何力邀，若是台積電毫無利益可言，也不可能同意進駐。所以，最後還是蘋果的臨門一腳促成這一切。

索尼供應給蘋果 CMOS 影像感測器，蘋果向台積電採購晶片組，而台積電則提供索尼製造 CMOS 影像感測器所需的二十二／二十八奈米邏輯晶片。據說，熊本工廠的設立就是為了建立這個良好的三角關係。

簡而言之，這座工廠的特點雖然不生產最先進的晶片，卻製造日本產業所需要的產品。

12 https://news.mynavi.jp/techplus/article/20230712-2726147/

13 https://news.mynavi.jp/techplus/article/20221223-2544117/

不過，生產二十二／二十八奈米製程的是 JASM 的第一座工廠。JASM 並非是只生產成熟製程半導體的工廠，未來將建設的第二座和第三座工廠將生產更先進的半導體。據報導，第二座工廠計畫生產十二奈米製程晶片（也有報導稱計畫生產五奈米製程[14]），於二〇二四年開工，二〇二六年底前開始運轉[15]。第三座工廠據稱將生產三奈米製程晶片[16]。

無論如何，可以看出 JASM 將階段性從台灣引進生產技術，從二十二／二十八奈米製程開始，逐步挑戰更複雜的製造。考量到這些情況，Rapidus 想一步登天而追求最先進二奈米製程是否妥當，值得懷疑。有些半導體工程師認為，僅有產品技術和設備並不足以達成量產的目標。

5 索尼社長十時對影像感測器的決心

全球最大的 CMOS 影像感測器製造商索尼集團，二〇二三年四月由社長吉田憲一郎交棒給現任社長十時裕樹，十時社長曾主導創設索尼銀行，是索尼金融事業成長的推手[17]。

十時上任後，首先宣布索尼金融集團的獨立，這麼做的目的是「將索尼經營資源集中在娛樂和半導體[18]」。一九九〇年代後期，索尼集團的營收有六成以上來自電子產品，但目前電子產品的營收比例已降至三成多，其餘則來自遊戲、音樂、電影等娛樂事業及金融等多元化業務（下頁圖表3-3）。

由於各個事業所處的經營環境不同，因此策略也各不相同，娛樂事業採取迴避風險，確保穩定的收益，例如迪士尼擁有自己的智慧財產權（Intellectual Property, IP），自行製作動畫作品，並透過迪士尼頻道等自有媒體發行。

這種情況下，由於迪士尼掌握了所有權和事業，如果作品成功，就能獲得

14 https://www.bloomberg.co.jp/news/articles/2023-11-21/S4EGMKT1UM0W01
15 https://newswitch.jp/p/37667
16 https://www.bloomberg.co.jp/news/articles/2023-11-21/S4EGMKT1UM0W01
17 https://newswitch.jp/p/35673
18 https://www.nikkei.com/article/DGXZQOUC181DS0Y3A510C2000000

圖表 3-3　索尼事業投資組合

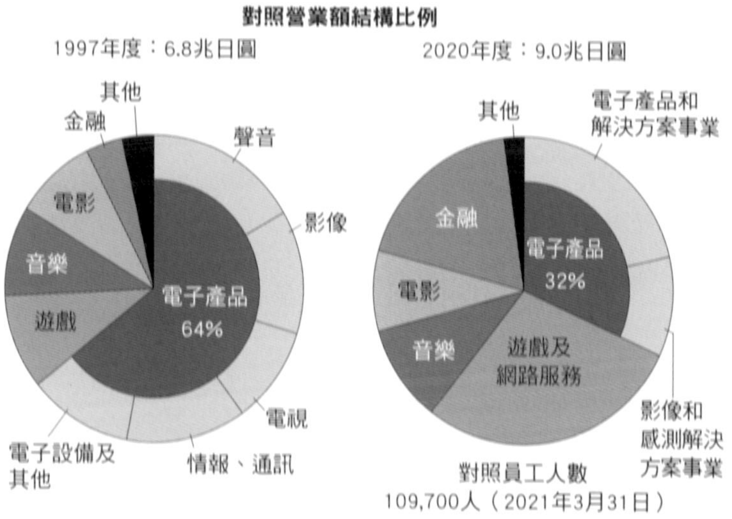

出處：https://media.bizreach.biz/32344/

龐大收益；但娛樂作品需要大量投資，而且成敗難料，一旦失敗就會帶來巨大的損失。

索尼透過專注於自製內容，並與合作夥伴共同分銷，既分享利潤，也分擔風險，降低索尼自身的風險[19]。例如，動畫作品《鬼滅之刃》是索尼的IP，但原作是集英社的漫畫，作品透過富士電視台、網飛（Netflix）等平台發行，這種方式在風險較大的娛樂產業中，是一種分散風險、獲得穩定收益的策略。

半導體方面又是如何呢？索尼在 CMOS 影像感測器市場達四五％的市占率，但近年來三星正迎頭趕上，二〇二一年達到二六％的市占率。索尼和三星互不相讓，市場競爭日益激烈[20]。

為了避免在數量競爭上輸給三星，索尼於二〇二三年六月宣布在熊本新建一家 CMOS 影像感測器工廠。《日刊工業新聞》在二〇二三年六月二十七日的報導中指出，「預計二〇二四到二〇二六年的影像感測器，設備投資額將達到約九千億日圓，與二〇二一到二〇二三年相同。目前，我們將加強世界首位的影像感測器事業，使其更加穩固[21]。」

由此可見，索尼在娛樂產業採取風險分散的策略，而在以數量取勝的半導

---

19 https://www.nikkei.com/article/DGXZQOGN09D470Z00C24A1000000

20 https://xtech.nikkei.com/atcl/nxt/column/18/01231/00058/

21 https://newswitch.jp/p/37474

體產業，則採取積極承擔風險、追求世界第一的策略。十時能夠做出果斷、迅速的投資決策，不僅是優秀的經營者，也是具備財務和金融經驗的優秀投資者。

我曾多次提到，投資才是最大的開放式創新，因為投資可以引入新的外部知識，創造新的業務組合，這也是一種重要的創新形式。

在日本民主黨執政時代曾有議員在國會提出：「難道不能當第二名嗎？」並要求中止研發計畫。但對於半導體產業來說，為了追趕數量，即使冒險也必須爭奪第一，正是這種有區別的策略支持，讓索尼近年展現良好績效。這與許多日本設備企業所奉行的「不盲目追求數量，透過技術差異化」的策略形成鮮明對比。

6　台灣的電子產業與台積電

台積電是「台灣積體電路製造股份有限公司」（Taiwan Semiconductor Manufacturing Company, TSMC）的簡稱，是全球市值最高的公司之一，擁有包括蘋果、英特爾（Intel）、高通（Qualcomm）等眾多客戶，提供的半導體應用範圍廣泛，小至助聽器，大到太空船。

為了更深入了解這家索尼集團期望吸引、日本政府大力支持的全球最大半導體製造商台積電，以下將從台灣電子產業的歷史出發，闡述台積電的誕生。

台灣的政治經濟環境長期受到外部因素的巨大影響而產生變化，原本以農業為主的經濟，在第二次世界大戰（簡稱二戰）前的日本統治時期，由於大量日本資金湧入而迅速工業化；日本戰敗後，中國國民黨將大部分資金集中於政府，進一步加速工業化進程。

此外，一九五〇年韓戰爆發，美國提供大量資金援助，為台灣的經濟建設奠定根基；從一九六五年開始，日本以合資的形式投入資金，為台灣建立了出口導向型經濟的基礎。

然而，當時台灣的工業主要集中於日用品、玩具等輕工業，雖然也有一些家電製造商，但僅限於生產電鍋等低技術家電，並沒有企業涉足半導體等高科技產品的開發。與日本和韓國以民間企業為主導的半導體產業不同，台灣的半導體產業是由政府主導。

儘管台灣的中國國民黨執政時期長期實施戒嚴，限制人民的自由，但台灣的經濟依然穩定發展。但隨後發生的國際政治環境變化對台灣造成重大影響，就是聯合國承認中華人民共和國，而國民黨政府則退出聯合國（退出聯合國就台灣的政治立場而言，國際上將聯合國中的中國代表權視作由台北政府移轉為北京政府），加劇台灣在國際上受到孤立。

為了克服困境，台灣政府加強對政治和經濟的控制，尤其在經濟方面，陸續推出「十大建設」、「十二項建設」等計畫，大力發展出口導向型工業，這些政策使台灣成為新興工業國家先鋒，在國際上受到矚目。

之後，在一九七〇年代後期至一九八〇年代的經濟建設計畫中，台灣的重點放在科學技術，將工業轉向高附加價值的高科技產業。為加強台灣的經濟實力與達成軍事技術國產化，台灣政府決定發展半導體產業。

二戰前，軍事力量的強弱主要取決於陸軍士兵的數量；但二戰後，導彈等導引武器成為戰力的核心，即使是實行徵兵制的國家，近幾十年來也普遍採用從事其他公共工作的替代役制度。這是因為時代變遷，從重視軍人數量的時代轉變為導彈的時代。

導引武器需要精確的軌道計算，因此電腦成為一項必不可少的軍事技術，半導體也隨之成為重要的軍事技術。台灣政府之所以大力發展半導體產業，其中一個原因就是為了讓這種現代化的軍事技術國產化。

一九七九年台灣大力發展半導體產業的同時，也導入國防役的替代役制度。這個制度允許優秀的理工科大學生在國家研究機構或民間企業擔任半導體或軟體工程師，以此代替兵役。台灣發展半導體產業的目的，是為了在與中國的對抗中，提升經濟和軍事實力。

此外，為了引進外資和技術轉移，台灣並設立專門為高科技產業進駐的科學工業園區。在新竹設立第一座科學工業園區，吸引大量民間資本投資高科技產業，新竹科學工業園區成為台灣版的矽谷。

7 工研院在高科技產業中的培育角色

將經濟政策重心轉移到培育高科技產業的台灣，設立研究機構「工業技術研究院」（簡稱工研院；Industrial Technology Research Institute, ITRI），在台灣的半導體和個人電腦產業發展中扮演重要角色。為了提升台灣的技術水準，工研院引進來自荷蘭飛利浦和美國ＲＣＡ等外資企業的半導體技術與知識，再技術轉移給台灣的民間企業。

因此，工研院衍生各種形式的分拆企業，進一步加速技術轉移到民營企業。目前全球排名第四的半導體製造商聯電，就是從工研院早期的半導體開發項目中分拆出來的企業。

隨著眾多新興企業的分拆，台灣的半導體產業形成垂直分工的產業結構，即不同的企業負責產品開發、製造流程的各個環節，並透過企業間的任務小組形成一個個研發項目。

一九八五年，日後被稱為「台灣半導體之父」的張忠謀擔任工研院所長，為台灣半導體產業的飛躍發展提供契機。張忠謀始終強調，工研院的角色不僅僅是研發，更重要的是將技術成果轉化為經濟價值。

原本工研院就不是將半導體開發視為一個純粹研究開發的課題，在台灣與中國的緊張局勢中，必須強化台灣經濟及軍事力量，具有急迫和不容失敗的任務，因此不僅要開發半導體產品的技術，也必須重視大規模生產所需的生產技術和產品策略。

工研院與美國RCA公司簽訂積體電路技術移轉授權合約，引進半導體技術時，除了RCA之外，還有其他選擇。但最後之所以選擇RCA，是因為RCA不僅願意轉移技術，也願意負責培訓生產人員。

台灣的政府研究機構更積極地參與到大規模生產和商業策略，或許也是台灣政府研究機構與日本政府研究機構之間的一個重大差異。

8 張忠謀推動的無廠設計和晶圓代工模式

擔任工研院所長的張忠謀推動「五〇／五〇制度」改革，他要求工研院自力更生、不要完全依賴政府經費，一半經費必須靠工業界委託的專案。這也是為了實現工研院和張忠謀將技術轉化為經濟價值的理念。

聯電商業化以後，台灣的半導體產業順利成長。但為了領先全球市場，台灣的半導體產業需要更大的規模，這意味著需要進行大規模的半導體製造。

在推動超大型積體電路（Very Large-scale Integration，VLSI）項目的過程中，工研院希望達成規模經濟的大規模量產，但當時台灣成長中的民間半導體企業更傾向於小批量生產，雙方意見對立。於是，張忠謀提出當時被認為是不切實際的無晶圓廠和晶圓代工模式。

日本和韓國的半導體企業大多採用垂直整合製造模式，即在公司內部完成企畫、開發和製造。而工研院則將規模經濟的製造工序集中在晶圓代工廠，將開發業務交給眾多中小型的無晶圓廠半導體開發企業；這麼一來，既能靈活應

圖表 3-4 阿米巴型開發組織的台灣產業

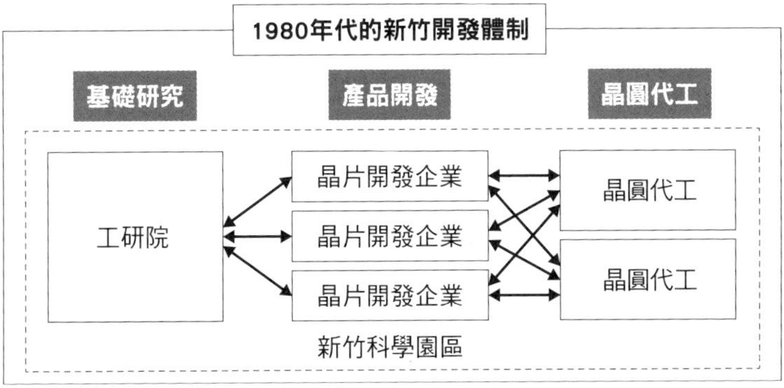

出處：長內 厚（2007）〈整合研究部門的技術與事業——黎明期的台灣半導體 工研院在產業中所扮演的角色（TRI）〉《日本經營學會誌》No.19 pp.76-88

對小批量產品的開發，又能達成多品種少量生產與規模經濟的平衡（圖表3-4）。

台積電就是從這種戰略中誕生的大型晶圓代工廠，雖然早期的拆分公司聯電原本是IDM模式，但在台積電成功後，聯電也轉型為晶圓代工廠。

持續面臨產品商業化困境的日本企業應該學習台灣高效率的製造方式，但也不能盲目模仿，我們需要充分考慮台灣的產業環境及各種因素是如何影響產業發展的。

JASM的建設可以看作是製造方式

不同的相互學習最佳機會，我們不應單純地將台灣和中國等擅長以低成本分工生產的國家視為競爭對手，而是應該建立截長補短的合作夥伴關係。

第 4 章

技術強大的日本
面臨的戰略課題

1 日本企業的技術信仰與困境

由於涵蓋經營判斷在內，所以與其說日本的開發研究人員，更應該說是日本的企業長期以來深陷於一種「只要開發出性能優越的新技術，消費者一定會買單」的技術信仰。換句話說，大多數公司都認為只要在技術上處於領先地位就能夠成功。

接下來我將說明這種信仰是多麼地錯誤。

當軟銀進軍手機事業時，雖然是市場上的後起之秀，但當時人們普遍認為，除了NTT DoCoMo和au之外，其他公司很難在手機事業上賺錢。然而，軟銀手中握有一張王牌，那就是iPhone的獨家代理權，當時在日本，想要購買iPhone就必須加入軟銀的電信服務。

無法獲得iPhone的NTT DoCoMo和au，要求手機製造商生產性能比iPhone更強大的智慧型手機，日本的製造商也按照要求生產出功能和性能都超越iPhone的智慧型手機；但值得注意的是，這裡的重點在於功能和性能，也就是說，這些手機不是擁有 iPhone 所沒有的功能，就是在處理速度、電池容量等方面具有更高的性能。

然而，iPhone 對於消費者而言，價值並不僅僅如此，他們不僅喜歡 iPhone 的設計，也對 iPhone 的品牌和流暢的操作體驗感到滿意。然而，日本的製造商卻認為，只要功能和性能更強，也就是說，只要產品的實用價值更高，就一定能賣得出去。

當推出對抗 iPhone 的智慧型手機時，NEC 的社長宣稱：「我們的產品在功能、性能等各方面都超越了 iPhone，絕對不會失敗。」但結果卻是慘敗。

電視也是如此。日本企業總是認為產品必須具有高畫質、高性能，不應該生產低階產品，結果卻不斷縮小了自己的市場。他們在白色家電上添加網路功能，積極開發智慧型家電的高階產品，但消費者並不需要這麼多的功能，導致開發成本無法轉嫁到價格上。目前在日本家電市場表現較好的，是像愛麗思歐雅瑪（Iris Ohyama）這樣的企業，雖然產品功能普通，但設計時尚，價格親民。

2 商業上需要長期一致的規格

以往，日本電子產品製造商一直執著於技術上的優異性，追求功能和性能方面的領先。然而，這次的 JASM 熊本工廠卻有所不同。

雖然使用的技術不是最先進的，甚至可能是十年前的技術，卻著重於生產目前商業上真正需要的產品，這一點與傳統的日本電子產業相比，是一個創新的做法。尤其是 JASM 將生產日本引以為傲、目前全球最大市占率的 CMOS 影像感測器所需的半導體，以及支撐日本汽車產業的半導體。

十年前技術的二十二／二十八奈米製程半導體之所以供不應求，是因為現在對這個級別的半導體需求大幅增加。

車用的電子控制單元（Electronic Control Unit, ECU）最初並不需要半導體，但隨著電子控制技術的引進，ＥＣＵ的使用愈來愈多。現在，一輛汽車中同時運行的ＥＣＵ超過一百個，沒有大量的半導體，汽車就無法行駛。隨著自動駕駛技術的發展，對各種感測器和控制用半導體的需求也在增加。

而且，如前所述，汽車所需的半導體未必需要最新的技術；相反，能夠穩定供應十年的技術更加重要。

一位日本電子產品製造商的汽車事業部部長曾說過，身為電子產品製造商，當然會向汽車製造商介紹新技術的優點，但汽車製造商的採購負責人卻表示：「我們不需要過多的性能和功能，只要滿足我們的最低要求就可以了。更重要的是，產品品質要好、壽命長，而且能夠穩定供應十年以上。」

日本習慣不斷推出新型電子產品，汰換舊產品。以液晶面板為例，過去技術進步迅速，每隔一、兩年就會出現新的規格面板，一旦推出新面板，舊面板就會停產，連修理用的庫存都沒有。如果液晶電視壞了，根據日本經濟產業省的規定，廠商有義務提供性能零件八年的維修服務，但實際上，廠商不會保留八年前的面板庫存，因此他們會提出更換不同機種來因應。

換句話說，如果是電視，廠商會給予一定補償費用取代修理費用，替換為一台新電視。手機也是一樣，一旦舊款手機壞了，由於沒有庫存，只能換成新款手機。電子產品的壽命通常只有三到五年，這種情況已經被認為是理所當然。

然而，汽車產業卻不能這樣。如果一台車使用五年就因為零件缺貨而需要更換新車，汽車製造商將無法生存。汽車屬於耐久財，必須能夠使用十年以上，因此用於汽車的晶片零件不需要是最先進的高規格產品，而是需要能夠長期穩定供應的特定規格產品。

此外，新興國家的汽車和家電產品需求爆炸性成長，導致對半導體的需求遠超過十年前的預期，然而，現有工廠的產能已經接近極限。考量到這樣的半導體供需情況，如果不從商業角度，而是僅從技術角度來看待問題，就難以理解為何要在熊本建造二十二／二十八奈米工廠。

3 半導體以外未能商業化的技術

旭化成（Asahi Kasei）的吉野彰博士發明鋰電池，並因此獲得諾貝爾化學獎，這是一項非常傑出的日本技術。索尼、三洋電機、東芝等日本廠商將這項技術包裝成產品，其中三洋電機在鋰電池事業上取得巨大的成功。

後來，松下收購三洋電機，以求進一步擴大鋰電池事業的規模。然而，松下卻未能如願獲得更大的市占率，反而被中國電池製造商寧德時代新能源科技（Contemporary Amperex Technology, CATL）搶得先機。

傳統的汽車製造商認為，電動車（Electric Vehicle, EV）應該使用專用的電池，但美國最大的電動汽車公司特斯拉則採用標準化零件來降低電動車的成本；而中國的比亞迪使用的是刀片電池（Blade Battery），由於比亞迪既是汽車製造商，又是電池製造商，因此可以根據自身需求來製造電池。

特斯拉等公司並非自製零件，而是採購標準化的零件進行組裝，因此成本較低，這與垂直整合型的比亞迪形成對比。特斯拉希望松下能夠大規模低成本生產標準化的鋰電池，但當特斯拉進軍中國市場時，松下未能供應足夠數量的電池。

當時松下社長津賀一宏曾表示要追求品質而非一味追求數量，結果特斯拉選擇寧德時代作為在中國的電池供應商，如今寧德時代已經成為全球最大的鋰電池製造商。

圖表 4-1　2022 年電動車電池全球市占率（1 到 11 月）

比亞迪僅次於寧德時代，市占率全球第二

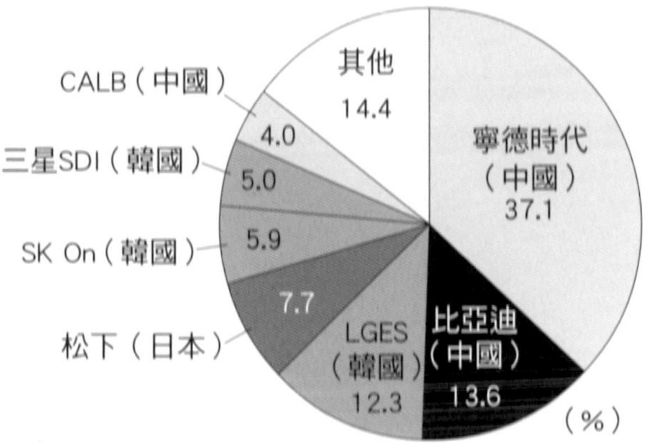

出處：韓國 SNE 研究所 https://president.jp/articles/photo/65354?pn=5

順帶一提，比亞迪的刀片電池採用磷酸鐵鋰（LFP）電池這種古老的技術[22]。LFP電池雖然儲電量較小，但成本低廉且安全性高。除了比亞迪，許多中國的低價電動車同樣採用LFP電池。考慮到比亞迪採用廉價且標準化的技術，其電動車在全球市場上超越特斯拉，成為全球市占率第一[23]。由此可見，「只要技術好，客戶就會買單」的思維已經是過時的神話。

在國際分工日益深入、市

場環境開放的今天，與其擁有少量供應的獨特技術，不如擁有能夠廣泛銷售、作為標準零件使用的技術，因為後者更易於使用，成本效益更高，更容易被企業客戶和消費者接受。

日本長期以來過於追求技術優越性，結果往往輸給了數量，特別是進入二十一世紀後，這種趨勢更加明顯。

二十一世紀是開放與標準化的時代。正如前面所述，能大規模低成本供應產品就能贏得市場，例如，雖然夏普率先開發大型液晶面板，而松下電器也投資大型電漿顯示器（Plasma Display Panel, PDP）面板工廠，但兩者都未能在全球市場取得成功。

這些案例的共同點是，日本率先開發的技術被其他國家標準化，並發展成大規模的業務，最終導致日本退出市場。太陽能面板和鋰電池是如此，半導體

---

22 https://president.jp/articles/-/65354?page=4

23 https://www.yomiuri.co.jp/economy/20240103-OYT1T50149

也是同樣的失敗模式，顯示半導體並非特例。

4 成熟期創新的成功要件

提到蓄電池，日本目前正在開發全固態電池，業界人士認為，如果全固態電池成功開發，將能解決電動車的各種問題，日本將藉此捲土重來。然而，並不能保證全固態電池不會重蹈半導體、鋰電池和面板的覆轍。全固態電池並不是日本獨有，也並非只有日本能大規模生產供應全球。

儘管是日本人獲得諾貝爾獎的鋰電池技術，明明擁有核心技術和先發優勢，卻沒能保持領先地位，最終被中國超越。你覺得這是怎麼回事？

這些問題的共同點在於忽視既有技術，缺乏將既有技術作為收益來源，並在此基礎上開發新技術的思維。

創新是一個不斷成熟和脫離成熟的過程，企業應該在脫離成熟期時準備新產品，但在成熟期時應該進行收割。日本的問題在於，應該收割的時候卻不斷向前邁進。日本人容易喜新厭舊，才完成一個產品就立刻轉向下一個開發項目，他們不願意花時間研究如何從現有產品中獲取利潤，這才是問題所在。

5 重新思考松下幸之助的「自來水哲學」

我在二〇〇〇年代中期訪問台灣面板工廠時，對方對我說：「日本在科技創新方面有一定的實力，不必操心也能不斷開發新技術。」

當時夏普被認為是技術最先進的公司，但台灣廠商的技術長卻表示，夏普的技術並非獨特，台灣也有相關專利，只要有意願也可以開發新技術。不過，即使能做到，因為策略的考量，所以不做。

他們的理由是，新技術伴隨不確定性，產能也不穩定，單靠新技術無法獲得大量市占率；因此他們會等待日本進行實驗，驗證技術的可行性，然後再進行大規模投資，這是最有效率的做法。

我認為，日本的問題在於，在應該大量投資的階段卻投入不足，而是轉向下一項技術，最後成為台灣、中國及韓國的絕佳實驗場。

聽完台灣廠商的言論，我想起被稱為「經營之神」的松下幸之助。現在的松下於二〇〇八年更改公司名稱，原本稱為「松下電器」，當時因為松下電器的策略是「複製他人的成功經驗」，亦即模仿其他公司的新品，大量生產並供應投入市場，被人以諧音譏諷為「仿下電器」。

當時松下幸之助曾說：「我們在東京有索尼研究所。」也就是說，讓索尼去開發新產品嘗試錯誤，而松下則在產品成熟後大量生產，以低價提供給消費者。這就是松下幸之助的「自來水哲學」，意指讓產品像水一樣廉價供應給所有消費者。

松下幸之助「我們在東京有索尼研究所」的發言，這句話聽起來像是自我解嘲，但或許並非如此。他真正的意思可能是，研發的先後順序（是否為第一）並沒有那麼重要，重要的是數量上的領先，這才具有極大的社會意義，能在社會上產生更大的影響力。

然而，現在的松下卻變得像索尼一樣的企業，創始人的「自來水哲學」似乎已經失傳，這是松下必須思考的問題。

企業必須不斷進行創新，但同時也要在技術成熟時進行大規模生產。松下幸之助的「自來水哲學」正是二十一世紀應該應用的理念，但松下卻未能做到，這也是松下最大的問題。

第 5 章

日本半導體產業的歷史

1 技術取勝，商業落敗

日本企業或日本社會為何一直執著於技術領先，卻無法將半導體和電子產業視為商業？這與電子產業過去的成功經驗和日本半導體產業的遺憾歷史有關。

更深入追根究柢，或許問題出在學校教育的課程或體系上。日本在高中階段便將學生分為理科和文科，學生也往往依照這個分類進入大學，若無特殊緣故，可能直接讀到畢業。

問題不在於分科本身，而在於理科生通常不會學習經營或經濟，而文科生則不會學習技術。也就是說，學生會形成固定的理科思維或文科思維，並帶著這種思維進入公司，在公司內也分為技術部門和行政部門。

這樣一來，從十幾歲起，理科生和文科生就各自發展，很少有交集。當然，也有人會跨領域學習，但畢竟只是少數。

經過這樣的教育，公司內就會出現技術能力強但商業知識薄弱的工程師，以及商業頭腦靈活但技術知識不足的銷售人員，在同一家公司中涇渭分明，彼此井水不犯河水。因此，製造業中，技術策略往往和商業策略嚴重脫節。

回想一下之前提到的創新框架：價值創造和價值獲取。價值創造是創造新技術或產品的過程，通常由理科工程師負責；而價值獲取的過程，如行銷和銷售，則由文科人員負責。在公司內理科和文科各行其事的情況下，無法整合管理價值創造和價值獲取，這正是日本製造業面臨的最大問題。

回到一開始的話題，讓我們談談日本過去的成功經驗與令人遺憾的歷史。

在通訊產業，NTT DoCoMo 在首次推出行動上網服務 i-mode 時，採用的技術是 PDC（Personal Digital Cellular）的第二代行動通訊技術（Second Generation，簡稱 2G）服務 MOVA。雖然 PDC 技術非常優異，但在全球範圍內卻輸給了同為第二代技術的全球行動通訊系統（Global System for Mobile Communications, GSM）。

能與他人通話才是電話的主要功能，因此無論其他性能多麼優越，如果無法通話，就沒有商品價值，這稱為「網路效應」（Network Effect）或「網路外部性」（Network Externality）。簡單來說，是指單一產品的優越性並不能決定其價值，該產品、服務的價值，隨著使用人數的增加而增加，亦即網路覆蓋率才是關鍵。因此，儘管GSM在技術上可能不如PDC，但由於全球通用，人們更傾向於選擇GSM。

這就如同昔日的錄影帶戰爭中，索尼的Betamax（簡稱Beta）技術雖然優於VHS，但由於VHS的使用者更多，最後VHS勝出，Beta黯然退場。這說明，僅有技術優勢並不足以成就商業成功。

在2G失敗後，日本認為如果能在第三代行動通訊技術（3rd-Generation，簡稱3G）掌握世界認可的技術，或許能在全球市場占據主導地位，因此日本企業參加制定3G國際標準的會議。然而，日本企業只派出工程師，而歐美企業則派出包括工程師、行銷和經營策略人員在內的團隊。

日本的參與者發現，歐美企業的代表不僅討論技術可行性，更關注各項標準對自身事業的影響，例如哪些標準更有利或不利於自己的產品，由於日本代表缺乏商業方面的知識，無法參與這些討論。

這個例子顯示出，日本製造業存在著一種「只要技術好，客戶就會買單」

的單純思維，甚至可以說是天真。

2　超越美國的半導體製造技術

經營管理學者瑞貝卡・韓德森（Rebecca Henderson）和金姆・克拉克（Kim Clark）在一九九〇年發表的一篇論文《架構性創新》（*Architectural Innovation*）中，介紹日本在半導體光刻機上的突破。

在一九七〇年代，美國企業 Casper 在半導體光刻機領域處於領先地位，而日本的佳能則挑戰這一地位，開發出新型光刻機。

光刻機的作用是在矽晶圓上精確地蝕刻電路圖案，傳統的密著式曝光會將設備直接接觸晶圓，而佳能採用的非接觸式曝光則在設備和晶圓之間保持一定距離。除了機械與基板是否接觸的差異，兩種方式使用的零件相同，但非接觸式曝光需要精準的位置調整技術，這涉及到架構知識，也就是如何將各個零件組合在一起。佳能成功掌握了這項技術，開發出新型的非接觸式光刻機。

非接觸式曝光有什麼優點呢？使用密著式曝光時，如果機械與基板間有灰塵時，會刮傷基板成為不良品；非接觸式曝光的優勢在於減少晶圓被刮傷的風險而提高良率，因此佳能的光刻機性能更優越。

隨著佳能等日本廠商在光刻機領域的崛起，帶動了日本國內半導體產業，如ＮＥＣ、三菱電機、日立等半導體製造商的蓬勃發展。當時，半導體產業以垂直整合模式為主，因此半導體的強盛也代表上下游產業鏈同步壯大，半導體製造商和設備商彼此相輔相成，共同發展。這種情況不僅在日本，在美國也呈現同樣的趨勢。半導體製造與設備領先，使得佳能和尼康的角色愈來愈重要，美國Casper因而倒閉，一九八〇年代成為日本的光輝時代。然而，由於《日美半導體協議》的影響，日本半導體產業開始走下坡，逐漸落後於其他國家。

從宏觀角度來看，目前日本在全球市場上只剩矽晶圓和部分零組件仍處於領先地位。在電子產業中，普遍抱著「如果在終端產品上無法競爭，就應該轉向生產零件和設備」的想法。但其實即使是中間產品製造商，也必須重視與終端消費品製造商之間的聯繫和緊密關係。

3　歐洲電動車對抗豐田汽車的全方位戰略

受到全球暖化的影響，以歐洲和中國為中心，汽車產業主流正逐漸轉向電動車。豐田汽車除了生產電動車，同時也開發混合動力車、燃料電池車、氫引擎車等多種車型，採取全方位的戰略。

據我個人推測，豐田汽車對市場很可能抱著如下的判斷：

「從全球的角度來看，像歐洲這樣積極脫離石油的國家，更容易接受電動車。但日本、美國中西部等依賴火力發電的新興國家未必需要選擇電動車來完成脫碳（Decarbonization）。何況許多地區的電力供應基礎設施並不完備，尤其是全球汽車銷量最大的豐田，不僅在日本國內，還在北美、南美、歐洲、亞洲等多個地區銷售汽車。反觀福斯汽車，八〇%以上的銷量來自中國，而中國和歐洲等地區積極推動電動車，因此可以專注於電動車的發展，但豐田所面臨的市場情況複雜得多，由於電力基礎設施不夠完備的問題，無法採取同樣的策略。」

此外，歐洲國家在制定標準和規範時，主要的著眼點並非技術的合理性，而是更注重如何有利於本國的製造商和企業。在電動車的討論中，由於電動車對歐洲製造商有利，他們一直傾向於支持電動車，並主導了相關議題。

中國同樣希望將汽車產業提升至世界級水準，由於傳統內燃機技術難以與日美歐競爭，中國希望透過電動車這種全新的技術來扭轉局勢。因此，無論是歐洲或中國，推動電動車作為環境友好技術，在很大程度上也是為了發展及保護本國產業。

然而，目前的電動車並非絕對環保，如果發電不採用綠色能源，電動車對於環保就毫無意義。此外，電池的回收、再利用和處置問題尚未解決，未來大量廢棄電池將對環境造成巨大負荷，因此不能輕易斷定電動車一定環保。

豐田採取全方位戰略的原因就在於此。豐田認為，電動車並非實現碳中和（Carbon Neutral）的唯一途徑，從技術面來看，這是正確的觀點。

然而，日本從菅義偉執政時期開始就大力推廣電動車，彷彿只有電動車才能達成碳中和，豐田的戰略也因此受到愈來愈大的壓力，難以全面推行其多樣化的產品線。如果連政府都不支持，那麼即使豐田的觀點再正確，也很難被社會所接受。

技術人員往往只關注技術本身，而忽略了商業方面的考量，這也是日本製造業的一個大問題。此外，現代汽車配備大量的ＥＣＵ，對半導體的需求比以往任何時候都高，對於半導體產業來說，汽車市場也變得愈來愈重要。

然而，歐洲汽車產業由於不想出手援助競爭對手的日本汽車產業，傳統上盡量避免使用日本製造的汽車零件，他們更傾向於在歐洲本地採購或是從韓國等其他地區進口。

半導體產品可能也會出現類似的趨勢。為了應對這種情況，豐田、本田等日本汽車製造商共同成立「汽車用先進 SoC 技術研究聯盟」（Advanced SoC Research for Automotive, ASRA）[24]，旨在促進日本半導體產業的發展，如果日本國內擁有更多的半導體製造業，與汽車產業的合作就會更加密切，從而促進日本汽車產業等其他產業的共同成長。

---

24 https://www.yomiuri.co.jp/economy/20231226-OYT1T50291

4 日本在一九八〇年代的成功經驗

接下來談一談日本的成功經驗。日本在二十世紀後半期曾經歷過電子產業的蓬勃發展。

二戰後，日本在一九六〇年簽訂的《美日安保條約》保護傘下，得以大幅降低國防支出，將節省下來的預算投入產業發展。政府以官民合作的方式大力扶植產業，這是日本的一大幸運。此外，當時日本的產業結構為「護送船團方式」，即以銀行為中心的企業集團相互持股所組成，因此不像歐美企業有許多追求短期收益的股東，較少受到股東意見的干預，得以進行長期研發。

在這些有利因素的加持下，日本得以長期投入優秀的技術開發，並將其落實於產品功能和性能上，進而創造出新的功能價值。當時，日本產品的技術優越性得到全球消費者的認可，成功建立「高科技產品非日本製不可」的品牌形象。因此，在一九八〇、一九九〇年代，日本的電子產業取得了巨大的成功。

然而，日本的半導體應用產品的發展，卻幾乎與這些政府和銀行主導的產業政策背道而馳。

半導體是一種介於導體（例如可以導電的鐵、銅等）和絕緣體（例如無法導電的玻璃、塑膠等）兩者間的物質，透過摻雜少量雜質可以控制半導體的電流。如第一章所述，美國人首先發現半導體的特性並運用在整流器、放大器和開關上，並發明二極體和電晶體，這些都是早期的半導體。

最初，美國認為電晶體只能用於放大低頻訊號。而看準了「如果能製造出高頻電晶體，就能做出比真空管收音機更小、壽命更長的收音機」這一點的，正是日本的東京通信工業（Tokyo Tsushin Kogyo），也就是現在的索尼。

索尼當時並非隸屬於任何銀行集團，也不是能期待政府支援的企業。儘管如此，他們還是決定嘗試利用電晶體來製作收音機。

索尼創立於一九四六年，成功地透過開發錄音機在音響製造產業站穩一席之地。

為了開發錄音機，索尼招募許多大學畢業的工程師。由於當時日本企業普遍實行終身雇用制，公司必須為這些工程師提供晉升機會。然而，一家只有錄音機業務的公司無法提供足夠的晉升職位，因此索尼決定開拓新業務，其中一項就是製作收音機。但他們不滿足於普通的收音機，而是希望開發具有技術創新性的產品，因此將目光轉向電晶體。

電晶體可以放大電流，索尼巧妙地利用這一特性，可以放大聲音驅動揚聲器或者接收微弱的無線電波並放大，從而製作出電晶體收音機。

當時的電晶體只能處理像聲音這樣的低頻訊號，因此市面上只有低頻電晶體，而美國想利用電晶體來縮小放大器的體積，應用在助聽器等產品上；另一方面，由於收音機的電波是高頻訊號，所以當時普遍認為用電晶體製作收音機的想法不切實際。

在這樣的背景下，索尼認為：如果能製造出高頻電晶體，就能接收廣播訊號，並加以放大轉換成聲音，製作出收音機。於是，索尼在神奈川縣厚木市建造電晶體工廠，量產電晶體，並推出電晶體收音機，可說是日本半導體產業的誕生。

繼索尼成功後，許多日本家電製造商也開始關注半導體，紛紛將電晶體應用於收音機、擴大器及電視機等產品。當時完全不使用真空管、只用半導體製造的產品被稱為「固態」（Solid-state）產品，使用半導體本身就代表著先進科技，也創造出產品的功能價值。

當時在美國誕生了將多個電晶體等半導體整合封裝成一個包裝，也就是積體電路的概念，將多個零件組成具有某種功能的電路，稱為「分立式電路」；而積體電路的概念，就是將分立式電路整合到單一晶片中，藉此減少零件數量並降低製造成本。

積體電路的概念問世後，各家廠商紛紛投入晶片的研發。最初，晶片主要應用於電腦和計算機等產品，但隨後應用範圍不斷擴大。

索尼將無法用於收音機等高頻應用的不良電晶體，作為運算裝置的開關，開發並銷售一款全電晶體電子計算機 SOBAX。然而，夏普和卡西歐成功開發出採用積體電路的更小型化電子計算機而搶占了市場。夏普和卡西歐在計算機用半導體的開發競爭中處於領先地位，成為世界頂級的計算機製造商。

許多日本製造商都依循同樣的模式，透過開發新技術、創造新產品、提升功能和性能來累積成功的經驗。然而，這也導致日本製造商產生了一種根深柢固的觀念，認為開發新技術、提升功能和性能，就是邁向成功的捷徑。

5 半導體的外部銷售業務

前面所討論的是日本製造商開發的半導體，主要用於自家產品，例如從電晶體開始發展半導體業務的索尼，在一九八〇年代之前，生產的半導體幾乎全部用於自家的產品。

而現在的半導體製造商，例如以手機晶片組聞名的美國高通，專注生產手機用半導體，並不生產終端產品手機（雖然高通曾經嘗試開發手機，但後來將手機研發事業出售給日本京瓷）。高通開發的手機用半導體零組件出售給蘋果、三星等客戶，裝載於這些企業製造的智慧型手機。

雖然現在將半導體作為零組件出售給其他公司已經成為一種常態，但索尼首次將半導體作為零件外銷的業務是影像感測器。

在CMOS影像感測器出現之前，電荷耦合元件（Charge Coupled Device, CCD）是全球第一個半導體影像感測器。CCD由美國貝爾實驗室於一九六〇年代開發，在日本則由索尼領導開發。

在CCD問世前，索尼開發的技術和零件基本上只用於自家產品。然而，由於CCD的良率較低，光是要供應自家產品的CCD需求要規模量產也十分困難，因此索尼從很早就開始零件外銷和代工生產（Original Equipment Manufacturer, OEM）事業。

如何將內部生產的設備用於外部銷售、制定適合各種客戶的產品規格、優先考慮外部客戶的需求而非內部需求？索尼從CCD的黎明期就已經開始積累這些外銷業務的智慧，轉化為公司的競爭力。如此重視外部銷售業務，或許是因為索尼體認到半導體是一種規模經濟且十分重要的事業。

6 數位化浪潮吞噬日本企業

先暫時轉換一下話題，在二〇〇〇年代，日本電子產業的根基曾一度面臨嚴峻的挑戰，那就是數位浪潮。過去日本企業透過結合類比技術來發揮產品的功能和性能，然而，在數位化時代，大部分的功能和性能都取決於軟體和半導體的優劣，類比技術的發揮空間變得極小，軟體開發完全是固定成本。

以類比電視為例，生產一百台需要一百套零件，但軟體則不同，生產一台和生產一百台的成本幾乎一樣。因此，生產數量愈多，愈容易攤平成本，也就是說，規模經濟的效果顯著。半導體也是資本密集產業，固定成本同樣很高，生產數量愈大，獲利愈多。

在軟體和半導體成為市場主流的時代，能夠大量生產並大量銷售的企業才能勝出，這就是數位時代電子產品競爭的樣貌。

一九八二年索尼與荷蘭飛利浦共同開發出雷射唱片（Compact Disc, CD），但在一九七〇年代就已經開發出脈波編碼調變（Pulse- Code Modulation,

PCM）訊號處理器，能夠將類比音訊轉換為數位訊號，並將其轉換為影像訊號記錄在錄影帶上。也就是說，索尼早在一九七〇年代就開始挑戰數位音訊領域。

然而，當時的創始人井深大卻告誡員工：「不要涉足數位領域。數位產品很容易被大量複製，如果不大量生產，就無法獲利，這與以往的經營方式不同。」正如井深大所預言，進入二〇〇〇年代後，無法大量銷售產品的製造商紛紛被市場淘汰。

簡而言之，數位化打破日本企業擅長的「只要開發新技術，即使不大量生產也能獲利」的商業模式。

7 日美在記憶體市場的攻防與經濟摩擦

在電腦領域，最初由英特爾等美國公司率先開發用於臨時儲存資料的DRAM晶片，ＩＣ根據用途可以分為兩類：一類是儲存資料的記憶體ＩＣ，另一類是進行運算的邏輯ＩＣ。

英特爾最初也生產記憶體ＩＣ，但隨著日本ＮＥＣ等公司推出更便宜、性能更高的DRAM，英特爾轉而將目標放在附加價值更高的非揮發性記憶體（Non-Volatile Memory, NVM）上。DRAM的特點是斷電後儲存的資料會完全消失，而ＮＶＭ則可以解決這個問題，即使斷電，資料也不至於消失。

然而，在英特爾開發ＮＶＭ之後，有「快閃記憶體之父」之稱的東芝工程師舛岡富士雄開發出更便宜、容量更大的快閃記憶體（Flash Memory）。結果英特爾在這個領域被日本超越，轉而將重心轉向開發應用在ＣＰＵ的邏輯ＩＣ。

有關舛岡開發快閃記憶體有個很有趣的經歷：他的銷售經驗成為開發快閃記憶體的靈感來源。

舛岡是畢業於東北大學的半導體工程師，在東芝負責高性能記憶體的開發。雖然他開發的產品性能優異，卻賣不出去。於是，舛岡申請轉調業務行銷部門，前往拜訪美國客戶。

他發現客戶並不追求高性能，而是希望獲得大容量且價格便宜的ＮＶＭ。

經過這次銷售經歷，讓他意識到「只要技術好就能賣出去」的想法是錯誤的，因而開發出NOR型快閃記憶體，並於一九八〇年取得專利。

理科負責產品製造，文科負責行銷推廣，如此涇渭分明的下場，商務難以成功推展。舛岡的故事同樣佐證了：如果只注重技術開發而不考慮市場需求，企業很難取得成功。

然而，東芝的舛岡開發出優秀的快閃記憶體，卻沒有得到公司的高度重視[25]，最後在一九九四年離開東芝。

雪上加霜的是，快閃記憶體未獲得應有評價的東芝，在一九九二年將NAND快閃記憶體技術提供給韓國三星。結果，三星成為全球最大的快閃記憶體製造商，而東芝則不得不放手快閃記憶體事業，成立現在的鎧俠。

三星的成功，得益於其對快閃記憶體的大膽投資。如果東芝能夠有遠見，進行更積極的投資，東芝的半導體事業可能會呈現出截然不同的局面。

25 http://diamond.jp/articles/-/129721

一九八〇年代日本除了半導體和電子產品，對美國的汽車出口也急遽增加，導致美國對日本的貿易逆差。從那時起，美國開始譴責日本進行傾銷，引發日美貿易摩擦。日本反駁稱，日本的半導體是透過高品質、大批量生產實現低成本，屬於自由貿易的範疇，絕對不是傾銷。

即使現在回顧這段歷史，日美貿易摩擦依然顯得像是美國惡意刁難。哈佛商學院教授麥可・波特（Michael Porter）也曾針對此事評論：「日本不過是徹底追求規模經濟效益來降低成本，並採取成本策略占領市場。但美國卻採取雙重標準，對自己有利時就高舉自由貿易大旗，對自己不利時就施壓要求限制出口。」

順帶一提，當時韓國一直在默默關注這場日美貿易摩擦。其實當時韓國也面臨著類似問題，但由於貿易規模較小，加上韓國主動採取措施限制財閥企業，避開了美國的鋒芒。等到美國眼中半導體產業的油水被榨乾後，韓國便一舉發動攻勢，攫取剩餘的利益。

最終，在政治妥協下，一九八六年簽訂《日美半導體協議》，日本從此被限制自由定價和銷售數量，無法如同過去般地生產大量高品質的產品並銷售到美國。

一九八八年日本半導體的市占率為全球五一％，但此後便一路下滑，《日美半導體協議》成為日本半導體產業發展的分水嶺，這是不爭的事實。

8 設備產業能否在利基市場生存？

《日美半導體協議》導致日本半導體產業的困境，由於無法進行大規模生產，日本企業開始轉向產品差異化，不再追求成本領先戰略，而是試圖透過生產高附加價值產品來獲利。

然而，正如前文所述，半導體產業是一個資本密集型產業，如果不能大量生產，就難以盈利，而且日本的半導體企業大多是ＩＤＭ，既進行設計又進行生產。

最後，日本企業避開大型企業的直接競爭，開始轉向利基市場（niche

market），生產一些特殊的半導體產品。由於個別企業難以生存，因而多家企業合併，成立爾必達（Elpida），成為日本半導體的代表。

二〇一〇年，NEC、三菱、日立的半導體部門合併成立瑞薩電子，雖然瑞薩電子在汽車用半導體領域處於領先地位，但主要是因為日本汽車產業的強大和產量大。根據二〇二三年全球半導體企業排名，瑞薩電子僅排在第十八名（圖表5-1）。

在二〇二三年的全球半導體企業排名中，索尼排名十七，位居日本企業之首；其次是瑞薩電子排名十八，鎧俠排名第二十三。相較於曾經占據五一％市占率、包攬前十五名的輝煌時代，目前索尼僅排名第十七，實在令人唏噓。

第一三三頁圖表5-2這份經濟產業省的數據，顯示出日本半導體市占率的衰退趨勢，日本半導體市占率持續下滑，甚至有人擔心未來會歸零。

前面介紹的索尼CMOS影像感測器也面臨三星的急起直追，形勢岌岌可危，由於索尼持續進行大規模投資，才得以勉強維持現狀，再次佐證，還是要靠大量生產才能取得成功。索尼現任社長十時直到二〇二三年三月前曾擔任財

圖表 5-1　全球半導體企業排名比較

2023	2022	公司名	所在地
1	2	台積電（1）↑	台灣
2	3	英特爾 ↑	美國
3	8	輝達（2）↑	美國
4	1	三星電子 ↓	韓國
5	4	高通（2）↓	美國
6	6	博通（2）—	美國
7	5	SK 海力士半導體 ↓	韓國
8	9	超微半導體（2）↑	美國
9	14	英飛凌 ↑	歐盟
10	13	意法半導體 ↑	歐盟
11	10	德州儀器 ↓	美國
12	12	蘋果（2）—	美國
13	7	美光科技 ↓	美國
14	11	聯發科（2）↓	台灣

2023	2022	公司名	所在地
15	15	恩智浦半導體 —	歐盟
16	16	亞德諾半導體 —	美國
17	19	索尼 ↑	日本
18	17	瑞薩電子 ↓	日本
19	24	超捷科技 ↑	美國
20	21	安森美半導體 ↑	美國
21	22	格羅方德 ↑	美國
22	20	聯電（1）↓	台灣
23	18	鎧俠 ↓	日本
24	25	中芯國際（1）↑	中國
25	23	威騰電子 ↓	美國

註：（1）晶圓代工（2）無廠半導體

出處：Company reports, Techinsights https://news.mynavi.jp/techplus/photo/article/20240111-2861120/images/001l.jpg

務長，他在半導體上進行大膽投資，而事實證明，敢於投資的公司確實能獲得更高的收益。

半導體還有另一個發展方向。雖然我一直強調縮小製程節點可以製造出更先進的晶片，但製程愈精細，就愈容易發生問題，導致電流變小。因此，一些公司開始轉向功率半導體，這種半導體可以承載更大的電流。但這仍然是一種利基市場策略。

總之，現在的日本半導體企業都只是尋求如何在利基市場生存。至少目前在日本，還沒有哪家公司能夠重現過去半導體產業的輝煌。

前面提到的爾必達，最後還是在二〇一三年被美國的美光科技收購；而從東芝分拆出來的快閃記憶體公司鎧俠，今後也有可能面臨被其他公司併購的局面。

圖表5-2　日本的半導體產業，從1990年代以後，地位逐年下降

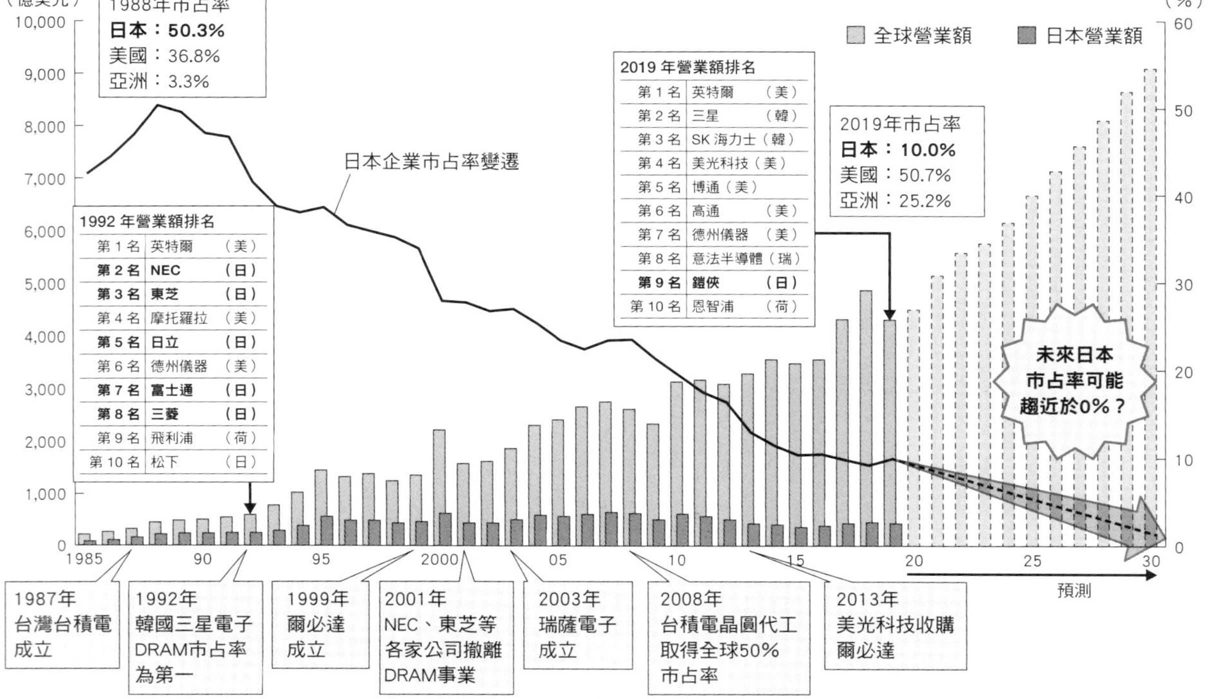
（億美元）
（%）
10,000
9,000
8,000
7,000
6,000
5,000
4,000
3,000
2,000
1,000
0
60
50
40
30
20
10
0
1985
90
95
2000
05
10
15
20
25
30
預測
全球營業額
日本營業額
日本企業市占率變遷
1988年市占率
日本：50.3%
美國：36.8%
亞洲：3.3%
1992 年營業額排名
第 1 名　英特爾　（美）
第 2 名　NEC　（日）
第 3 名　東芝　（日）
第 4 名　摩托羅拉　（美）
第 5 名　日立　（日）
第 6 名　德州儀器　（美）
第 7 名　富士通　（日）
第 8 名　三菱　（日）
第 9 名　飛利浦　（荷）
第 10 名　松下　（日）
2019 年營業額排名
第 1 名　英特爾　（美）
第 2 名　三星　（韓）
第 3 名　SK 海力士（韓）
第 4 名　美光科技（美）
第 5 名　博通（美）
第 6 名　高通　（美）
第 7 名　德州儀器　（美）
第 8 名　意法半導體（瑞）
第 9 名　鎧俠　（日）
第 10 名　恩智浦　（荷）
2019年市占率
日本：10.0%
美國：50.7%
亞洲：25.2%
未來日本市占率可能趨近於0%？
1987年 台灣台積電 成立
1992年 韓國三星電子 DRAM市占率 為第一
1999年 爾必達 成立
2001年 NEC、東芝等 各家公司撤離 DRAM事業
2003年 瑞薩電子 成立
2008年 台積電晶圓代工 取得全球50% 市占率
2013年 美光科技收購 爾必達

出處：經濟產業省根據 Omdia 數據製成

第 6 章

不重視規模化的問題點

1 快閃記憶體：以低成本大量生產半導體的想法

在半導體產品市占率逐年遞減的趨勢中，有些產品仍保持一定的競爭力，先前提到的鎧俠快閃記憶體和索尼 CMOS 影像感測器就是其中代表。鎧俠的快閃記憶體占有二一%的市占率，雖然落後三星，仍是業界的佼佼者。

這兩家事業有一個共同點，就是同樣基於「追求數量」的商業理念。

前面提過，東芝半導體工程師舛岡富士雄對自家高性能半導體為何賣不出去感到疑惑，因此他申請轉調到銷售部門，前往美國推銷產品。客戶告訴他，他們更需要的是「能大量長期供應、價格便宜的半導體，而不是性能優異但價格昂貴的產品」，基於這點，舛岡意識到半導體應該以低成本大量生產，並經過不斷探索，最終開發出了快閃記憶體。

快閃記憶體的原理有些複雜，基本上數位電路分別以高電壓與低電壓來表示〇與一，而記憶體就是用來儲存這些訊息。傳統記憶體每次要刪除或寫入一個數據，成本相當高，因此舛岡想出將數據分成區塊（Block）的方法，在每次刪除或寫入時以區塊為單位來處理。

如果在數據完全不需要時，將整個區塊都刪除，結構就會變得更簡單，就能實現成本更低的非揮發性記憶體。他將這種一次性刪除整個區塊的過程比喻為相機的閃光燈，因此命名為「快閃記憶體」。正是這種技術，讓東芝成為快閃記憶體的領導廠商之一。

然而，舛岡的快閃記憶體技術並未獲得東芝管理高層的應有評價，也沒有進行足夠的投資，導致三星後來居上。如果當時東芝能夠準確預測這項技術的潛力，並投入大量資金，或許會有截然不同的發展軌跡。

2　顧客買的是產品，不是技術

另一方面，索尼在影像事業方面，持續將原本使用真空管的收音機、電視等產品替換為半導體。索尼最後使用真空管的產品是顯像管，一是將圖像轉換為電訊號，用於相機的攝像管；攝像管是一種相對較大的設備，索尼不斷持續研究如何以半導體取代攝像管。

後來索尼第四代社長岩間和夫前往美國進行研究，並將有關電晶體技術的總結帶回日本，稱為「岩間報告」。索尼根據這份報告，成功開發出半導體，這也成為日本半導體產業發展的起點。

半導體專家岩間某一天下令：「在五年內生產出售價五萬日圓的攝影機，並為其開發半導體感測器[26]。」因此產生的感測器就是CCD，是現在CMOS影像感測器的前身。

當然，一開始團隊無法製造出售價五萬日圓的攝影機所需的低成本CCD，最初的產品售價高達十幾萬日圓。但岩間一直強調將產品商業化，並指示開發團隊全力開發目標CCD。在此期間，他自己則負責推銷產品。

半導體的優勢在於產品可以做得更小。一開始，索尼的目標是電視台，但當時的電視台對小型攝影機並不感興趣，讓索尼吃了閉門羹。於是索尼將目標轉向航空公司，提出將小型攝影機安裝在飛機起落架上，讓乘客在機艙內觀看起降過程的想法，極力向全日空（ANA）推銷。

儘管最初的ＣＣＤ價格昂貴，但航空公司看中體積精巧的優點而決定採用，讓索尼成功獲得第一筆訂單。由此可見，岩間是一位善於將新技術轉化為商業價值的人。

無論是東芝的舛岡還是索尼的岩間，他們都深刻理解一個道理：「顧客買的是產品，而不是技術。」兩人不僅掌握了半導體的技術，同時懂得如何將半導體技術轉化為具有市場競爭力的產品，長期保持競爭優勢。

3 不是性能佳就賣得好

東芝的快閃記憶體和索尼的影像感測器業務還有一個有趣的共同點。岩間當時開發的影像感測器是名為ＣＣＤ的半導體，即 Charge Coupled Device（電荷耦合元件）的縮寫；而現在主流的影像感測器是 CMOS，為 Complementary

26 索尼公關室（1996）《源流》

Metal-Oxide-Semiconductor（互補式金屬氧化物半導體）的縮寫。

雖然過去攝影機、數位相機和智慧型手機等影像設備主要使用ＣＣＤ，但現在已被CMOS取代，這並不是單純因為CMOS的性能比ＣＣＤ更好。

我一再強調，現代的半導體產業重要的是大量製造低成本產品。ＣＣＤ和CMOS的技術差異在於，ＣＣＤ使用一個訊號放大器放大所有像素的訊號，而CMOS則為每個像素配備一個放大器。

由於每個放大器的性能略有差異，CMOS中放大器的性能差異產生雜訊影響畫質，因此需要透過雜訊消除器來消除雜訊。影像感測器的畫質不僅取決於這項技術差異，目前CMOS影像感測器的畫質已經相當高，以原理來說，ＣＣＤ的畫質比CMOS更好，但CMOS的製造成本較低。

也就是說，就像舛岡的快閃記憶體一樣，CMOS是一種雖然性能較低，但可以低成本大量生產的技術。正因為價格便宜，影像感測器才由CMOS取代了ＣＣＤ，即使在今天，對於需要高畫質的特殊用途攝影機，仍然使用ＣＣＤ。

性能較差但可以低成本大量生產的產品更受歡迎，這種情況在電子產業中屢見不鮮。

索尼的Beta錄影帶在與VHS的競爭中敗下陣來，眾所周知是加入VHS陣營的企業較多，而企業加入的原因之一則是VHS更容易製造。Beta錄影帶採用U型上帶（loading）方式，需要複雜的機械結構將磁帶從盒中拉出，並纏繞在圓形轉動的磁頭上；而後來的VHS採用M型上帶方式，雖然犧牲一部分畫質，但機械結構更簡單，更容易製造。VHS的性能不如Beta，但更容易製造的特點，也是VHS陣營壯大的原因。

另一個例子是夏普。以液晶技術起家的夏普在三重縣龜山市建造「世界龜山模式」的液晶電視工廠，並於二〇〇九年在大阪府堺建造巨大的液晶面板工廠。就一家中等規模家電製造商的夏普來說，液晶面板產能遠遠超過自有電視業務的需求，因此期望能夠大量對外銷售。

然而，夏普的面板外銷業務並不成功。雖然外銷失敗有多種因素導致，其中一個原因是其過於注重性能的面板技術，並不適合其他製造商。

夏普開發許多新技術並應用於自家的面板，液晶技術領先其他企業。夏普的液晶電視在開發和應用等獨特的技術面並沒有問題，但從面板的外銷業務角度來看，大量採購面板的電視製造商希望從多家面板製造商採購面板。因此，如果電視製造商需要根據不同面板製造商的面板來調整電視的設計，就會非常麻煩，能夠模組化替換的標準化面板對於客戶而言更加方便。

雖然夏普的面板性能更優異，但由於採用過多獨特的技術，成為一種非標準化的面板零件，以致被其他客戶拒之門外。

由此可見，並不一定性能優異就能賣得好，尤其是現代的電子產業，隨著分工細化，市場更需要的是標準化、低成本且能夠穩定大量生產的元件。

4 開放式創新的意義

從東芝和索尼的例子來看，我們不應該將半導體問題過度簡化為技術問題。日本似乎仍然沉浸在過去技術成功的經驗，或者無法擺脫《日美半導體協議》的束縛，仍然執著於「不盲目追求數量，而是透過技術差異化」的產品開發策略。

在二十世紀以前，這種策略或許行得通。當時日本約有十家綜合家電製造商，幾乎都如出一轍地生產相同的產品，透過些微的差異來瓜分市占率，也能獲得利潤。這是因為當時是類比時代。

二十一世紀是數位和國際標準化的時代，龐大固定成本的半導體和軟體決定勝負，因此市場將被一、兩家大企業壟斷，中小企業將逐漸被淘汰，NEC、三菱電機、日立等公司的家電部門失去市場就是血淋淋的例子。歸根結柢，最重要的是規模，單靠技術無法成功。

二十世紀的日本，透過將技術封閉在公司內部，並利用這些技術建立優勢，成為成功的關鍵。但近年來，日本開始提倡開放式創新，逐漸轉變與外部合作。然而，很少有公司真正理解開放式創新的意義。

開放式創新的關鍵在於規模經濟，如果只生產自用半導體，就無法實現低成本；只有與其他公司共享，才能達成規模經濟，降低成本。

數位產品的功能和性能是透過軟體達成，而軟體則以半導體的形式嵌入產品中。軟體開發是一項固定成本，無論是將開發的軟體應用於一個產品還是一百萬個產品，總成本都是一樣的。此外，半導體也是一個需要大量投資的產業，具有很強的規模經濟性。這樣一來，生產和銷售大量相同產品的公司自然獲利，而生產數量一般的公司將被淘汰。

如果一家公司希望利用自行開發的軟體和半導體達成更大的規模經濟，可以生產超出自身需求的產品並向外銷售；也就是說，應該發展向外部銷售。隨著外部銷售的擴大，同一市場中的競爭對手將使用相同的零件，在零件層面可以相互合作。

例如蘋果和三星在智慧型手機市場是競爭對手，但蘋果有時也會使用三星的記憶體和相機模組。此外，高通和台灣的聯發科等公司生產智慧型手機的基本晶片組，並將產品差異化部分留給各家製造商，因此高通的晶片組被蘋果和三星廣泛採用。

採用如同高通的商業模式，就可以為多家公司生產相同的半導體，達成大規模生產。半導體產業的特點是，如果不生產如此大量的產品，就無法達成盈利。無論是為自己還是為競爭對手生產，只要能生產足夠多的產品，就能獲利。

5 考慮客戶的使用便利性進行標準化

如同上一節的說明，當前市場的價值在於大量生產超越競爭的產品。雖然向外部銷售是提高市場價值的有效方法，但要實現向外部銷售，就必須進行標準化。任何製造商都能使用的零件和產品對用戶來說，顯然更方便。

日本人似乎不擅長這種標準化的理念，即使只是少量生產或零件生產，日本人依然傾向進行差異化。

太陽能板、液晶面板和電漿顯示器等需要大量投資的產品也具有與半導體類似的特性。

索尼和夏普在二〇〇〇年代中期陷入經營困境的一個原因，就是過度投資於電漿電視和液晶面板的生產。他們不僅在國內大量生產面板，還計畫進軍海外，沒想到事與願違，外銷並未如期成長，最終導致過度投資。

雖然增加產量以降低面板成本的策略本身是正確的，但日本製造商的一個弊病是，過於注重開發獨有的面板，而非追求標準化。即使面板適合自家的電視，但如果要安裝在其他公司的電視，過多的差異化部分，就會變成一種難以適用的非標準面板。

如果想使用夏普或索尼的面板，就必須設計專用電路，既耗時又費錢。相較之下，韓國、台灣和中國的標準規格面板無需進行設計更改即可套用。既然如此，就沒有必要使用夏普或索尼面板。

近年來，東芝旗下的映像品牌 REGZA 液晶顯示器取得較高的市占率。東芝原本就沒有自己的面板工廠，而是向面板製造商採購面板，雖然面板製造商價格較高，但保證產品性能，然而，東芝認為，只要透過東芝的影像技術對面板進行校正，性能就不是問題，價格是東芝更優先重視的因素。REGZA 從東芝時代就了解數位電視市場的運作方式，這也是 REGZA 獲得高市占率的原因。

這就是數位時代的邏輯，與其透過功能差異化，不如生產大量標準化產品，並以低價提供，這也是消費者在數位電子產品中所追求的。如今，「獨一無二」這個詞反而成為「非標準化且難用」的代名詞。

日本的製造商似乎難以擺脫二十世紀成功經驗的影響，認為只有技術上有差異的產品才是日本製造的，而大量生產低成本產品不是日本應該做的事情。這種自我暗示導致企業不再生產市場真正需要的產品，以致在全球市場上陷入困境。

6 技術外流還是開放式創新？

二十世紀，垂直整合模式是日本電子產業成長的主要推手。然而，從二〇〇〇年代中期開始，各家製造商逐漸意識到這種模式的局限性，開始提倡開放式創新。

開放式創新有兩種含義：一種是將自身技術和能力提供給其他公司的外部開放；另一種是將外部技術和能力引入公司的內部開放。無論哪一種，都是為了將公司內部的技術和資訊向外部公開，與以往的競爭對手共同創新。

競爭優勢的本質在於差異化，戰略的目標是壟斷。無論是追求獨占市場，還是透過鞏固獨有技術和能力來防止其他公司迎頭趕上，都是戰略核心。

換句話說，開放式創新是戰略的例外。那麼，在什麼情況下會使用這種例外呢？一個是本書多次提到的擴大規模。當一家公司無法單獨達成規模經濟時，就會尋求與其他公司合作（擴大技術應用範圍的「範圍經濟」也是推動開放式創新的因素，但本書不贅述）。

此外，當網路外部性愈大時，技術開放就愈重要。網路外部性是指產品的價值不僅取決於產品的功能或性能，也取決於使用該產品的用戶數量。例如手機需要連接通訊網路，如果沒有人可以聯繫，手機就沒有意義；只有當有很多人可以通話時，手機才有價值。同樣，無論遊戲機性能有多好，如果用戶數量少，軟體遊戲也少，就沒有樂趣了。

產品的價值不僅取決於產品的功能、性能，還取決於使用該產品用戶數量的現象，稱為「網路外部性」或「網路效應」。網路效應愈強，為了擴大用戶網路，就愈需要積極向外部提供自有技術，達成技術標準化。

因此，在規模經濟或網路效應的情況下，向競爭對手提供技術的開放行為就會變得普遍；而接受技術提供的企業，如果認為使用現成規格比公司自行開發更有利，也會接受開放式創新。

如前所述，競爭優勢的本質在於鞏固獨有技術和能力，因此企業需要謹慎判斷決定開放哪些技術。然而，觀察日本企業的開放式創新活動，似乎存在一種對歐美企業寬鬆，對亞洲企業嚴格的隱性偏見（Unconscious Bias）。

具體來說，日本企業在與歐美企業合作進行開放式創新時，通常不會有抗拒意識；但如果合作對象是中國、韓國、台灣等亞洲企業，就會經常以「擔心技術外流」為由而猶豫不決。

我身為技術管理研究者，經常接受報社或電視等媒體採訪，當日本企業與亞洲企業之間出現合併或合作的消息時，我經常被問到「技術外流疑慮」。相反，如果合作對象是歐美企業，很少有人問這個問題。由於技術只能從高處流向低處，這種「技術外流的擔憂」背後似乎隱含著一個潛在的假設，亦即日本在技術上必然高於亞洲國家。

仔細想想，Rapidus 與美國 IBM、IMEC 等歐美企業或組織合作的消息不斷傳出，卻沒聽說過日本與韓國、台灣等在生產技術方面經驗更豐富的企業合作。日本不應該僅憑印象就排斥與亞洲企業的合作，事實上，在許多技術領域，韓國和台灣企業的技術水準早已超越日本。

我曾與大學的研究生一起拜訪岐阜某家模具製造商，那裡的韓國工程師正在開發先進技術。公司董事長的一句話給我留下了深刻印象：「我們曾經是老師，現在卻成了學生。」

反過來說，台積電進軍日本時，台灣媒體也曾在報導時表達對「技術外流」的憂慮。日本不應該至今依然抱有技術程度最傑出的傲慢心理。

第 7 章

坐看日美半導體摩擦，隔山觀虎鬥的韓國策略

1 以日美半導體摩擦為借鏡

DRAM的傾銷問題是日本被迫簽署《日美半導體協議》的主因。一九八〇年代，韓國的三星和SK海力士（SK Hynix Semiconductor）等企業開始大量生產DRAM，從結論來說，韓國形同漁翁得利，奪取日本的市場，而且即使在DRAM成為低附加價值產品的今天，韓國仍然在DRAM市場享有剩餘利潤。

然而，時機並非韓國成功的唯一因素。三星和SK海力士等企業的經營者能夠在關鍵時刻做出大規模、快速的投資決策，這使得他們能夠在低附加價值半導體產品中達成規模經濟，並獲得利潤。

與日本半導體企業的負責人交談後，我發現日本製造商似乎缺乏這種迅速、大膽的決策能力。日立半導體事業部負責人曾表示，儘管半導體產業的特點是需要快速做出重大投資決策，但日立的所有投資決策都必須在公司的經營會議中裁決，這就意味著必須經過慎重而緩慢的討論，以致經常錯失許多投資機會。

東芝半導體開發經理也曾表示，為了超越三星的快閃記憶體，需要進行大規模投資，但始終無法實現。他對於政府投入巨額資金挽救瀕臨破產的銀行感到惋惜，認為如果這些資金全部投入到半導體產業，必定能獲得更大回報。

雖然事業成功不是光靠掌握住對的時機，但韓國並非只抓住良機，同時能迅速且果斷地做出經營決策，這才是成功的關鍵。

韓國和美國之間並非毫無發生半導體貿易摩擦，但韓國透過觀察日美摩擦，從中學習。韓國顯然很清楚知道如何避免激怒美國，因此採取巧妙的策略，讓美國對韓國的態度不像對日本那樣強硬。

其中一個因素是時機問題。當韓國 DRAM 製造商崛起時，DRAM 已經不再是最先進產品，對美國來說也不再具有吸引力。英特爾正是在這種情況下，退出記憶體晶片事業，轉而生產邏輯晶片。

另一個原因是韓國密切關注日美半導體談判的進展，民間與政府合作，提前研議對策。當時韓國正在推動民主化，並對財閥企業實施監管政策，從外部看來，猶如韓國政府正在打壓本國企業，韓國政府透過這項對策向美國展示自主遏制傾銷的政策，從而避免了如同日本般受到嚴厲的制裁。

之後，當韓國判斷大量生產半導體也不致於激怒美國的時機到來，而且日本也很難在半導體市場復甦，因此果斷投資，迅速擴大業務規模。這就是韓國目前以記憶體為中心的半導體產業的起源。

2 鎖定新興市場的韓國策略

將韓國代表性電子企業三星與日本企業相比，不禁令人聯想到太平洋戰爭時期的美國和日本，日本因為資源匱乏，以竹槍對抗美軍的武器。而現在相較於以量取勝，藉由低價及規模優勢占領市場的三星，日本則依靠精緻技術對抗。

三星最初是一家出口魚、蔬菜、水果的貿易公司，一九六八年與三洋電機合資進軍家電產業，並與NEC合資拓展業務。這是日韓邦交正常化後，日本民間企業為支持韓國經濟的一環，也是NEC提供黑白電視技術給三星的來龍去脈。

當時的日本製造商一心追求最先進技術，因此放棄黑白電視等舊技術，專注於開發彩色電視。然而，彩色電視等最新產品價格昂貴，只能在經濟發達的先進國家銷售。

在這段期間，獲得黑白電視技術的三星在中南美洲和亞洲等新興國家市場，大量銷售黑白電視而獲得巨額利潤。

這種策略具有兩個優勢，首先，由於沒有競爭對手，即使是過時的技術也能獲得巨大的需求，帶來可觀的商業收益。由於美國和日本都專注於彩色電視，因此他們的業務市場僅限於日本和西方國家，三星抓住這個時機，成功拓展業務。這與以鎳鎘電池（Nickel-Cadmium Battery, NiCd）業務起家的中國比亞迪非常相似。

其次，就目前的狀況來看，三星開拓的市場，包括中國和印度，成長版圖都迅速擴展。因此，三星很早就將自己的品牌形象植入這些國家和地區，三星的知名度在印度遠超過松下。

一位松下的印度工程師告訴我，他在日本生活很長一段時間，對於能夠任職於松下感到非常自豪。他在東大取得博士學位，並在日本最大的家電公司工作，意興風發地回到祖國。然而，當他得意洋洋地向兒子炫耀時，兒子竟然哭了。

兒子說：「爸爸在日本一流大學讀到博士，為什麼會進入一家只生產自行車燈泡的小公司呢？」可見松下在印度的知名度之低，三星才是印度人眼中最先進的高科技公司，這是從黑白電視時代就已深植人心的印象。

3 透過連續投資，建立量產銷售模式

三星接著將目標轉向 DRAM 市場。三星進軍半導體產業可以追溯到一九七四年收購韓國第一家半導體公司。在一九七〇年代，三星主要生產ＬＥＤ手表用的晶片，但於一九八三年投入 DRAM 市場。三星運用在黑白電視上獲得的巨額利潤，在韓國政府的支持下，大規模投資 DRAM 的開發和製造，並向全球大量銷售廉價的 DRAM。

進入一九八〇年代後，韓國半導體與日本同樣面臨來自美國的施壓，韓國政府的支持力道減弱，但三星仍然繼續自主開發和生產 DRAM，並於一九九二年奪得 DRAM 市場的最高市占率。隨後三星將銷售大量廉價 DRAM 所獲得的巨額利潤，大規模投資東芝轉讓給三星的快閃記憶體技術研發和設備，反覆循此模式生產與銷售，最後三星的快閃記憶體產量和銷量甚至超過東芝。

三星將在黑白電視上獲得的巨額利潤投入 DRAM，從 DRAM 所獲得的龐大利潤轉而投資快閃記憶體，而後把從快閃記憶體獲得的利潤大量投資於液晶面板，接著又投入到智慧型手機的開發中。三星透過這種大規模「以量取勝」的戰略，重複大量銷售的模式，再將獲得的巨額利潤投資新事業的研發和設備。

三星最重視的是生產數量，並以此策略來支撐新事業的研發費用和設備投資。

另一方面，日本則始終都將重點放在追求創新的想法和技術，一旦開發出新的技術但未能取得商業成功，日本企業就會認為只能透過開發更優越的技術來挑戰。

由於不斷追求新事物，日本企業往往會捨棄或輕視現有的技術。然而，即使想用新技術捲土重來，也需要研發費用和設備投資。這些資金從哪裡來呢？答案是現有的事業。如果不將現有技術轉化為商業成果，並獲得利潤，就無法開發新一代技術。

即使有再好的技術萌芽，如果沒有足夠的投資，也只能停留在實驗室階段，在全球化的商業競爭中，面對對手以量取勝的攻勢，只會落得慘敗收場。前面提到日本用竹槍對抗美軍，正是指這種情況。

認為這次失敗了，下次還有機會捲土重來，是毫無根據而且天真的想法。從邏輯上思考，如果沒有投資的資金，就無法開發新一代技術。不斷重複這種模式，或許是當前日本面臨的最大問題。

4　一再重蹈覆轍的日本

日本的 DRAM 和快閃記憶體業務，都在面對三星的規模經濟時吞下敗績，這不僅僅是半導體產業的特殊案例，在一定程度上已經成為日本的失敗模式。正如前面的說明，在日本的電子產業中，許多日本發明的技術在量產階段都被中國、韓國及台灣等其他國家的企業超越。

例如太陽能板的原理在十九世紀時在美國開發，日本則在一九五四年由NEC開發出單晶矽太陽電池，並於一九五八年代完成太陽能發電系統。一九七〇年代以後，許多日本製造商開始開發和生產太陽能板，富士電機、三洋電機、鐘化（Kaneka）、京瓷等許多公司都紛紛銷售太陽能板。然而，目前的太陽能板出貨量排名，前九名都是由中國企業一舉包辦。

根據《日經×TREND》的報導，「排名第一的是中國通威集團旗下專門生產矽基太陽能電池的通威太陽能（Tongwei Solar），市占率一四%。第二名是中國晶澳（JA Solar）、第三名是中國愛旭太陽能科技（Aiko Solar）、第四名是中國隆基綠能科技（Longi）、第五名是中國晶科能源（Jinko Solar），前五名依然被中國製造商壟斷。」而且，「不僅前五名，第六到第九名也都被中國製造商占據，即使是全球碲化鎘薄膜太陽能板的領導廠商美國第一太陽能（First

Solar）也只能勉強擠進第十名（圖表7-1）[27]。」

此外，一九七〇年夏普放棄參加大阪世界博覽會，在日本奈良天理市設立大型液晶面板開發研究所，長期積極研究液晶面板並將其應用於產品；在二〇〇〇年代初曾躋身大型面板四大廠商（三星、樂金、夏普、奇美）之列，但目前已被韓國、中國及台灣的製造商超越，失去存在感（圖表7-2）。日本經濟新聞於二〇二〇年三月三十一日針對日本企業液晶面板事業的衰退進行如下分析：

「一九七〇年代，夏普首次將液晶面板用於電子計算機顯示螢幕。

隨著應用範圍擴大到電腦和電視，夏普、松下、東芝、日立、索尼等日本電器企業一直是該領域的主要角色，一度有超過十家日本企業製造液晶面板，並且直到一九九〇年後期為止都掌控全球絕大部分市占率。

然而，隨著液晶面板的高解析度和大尺寸化，生產設備的成本也隨之

27 https://xtech.nikkei.com/atcl/nxt/column/18/02443/060200004/?P=2

圖表 7-1　2022 年太陽能板全球市占率

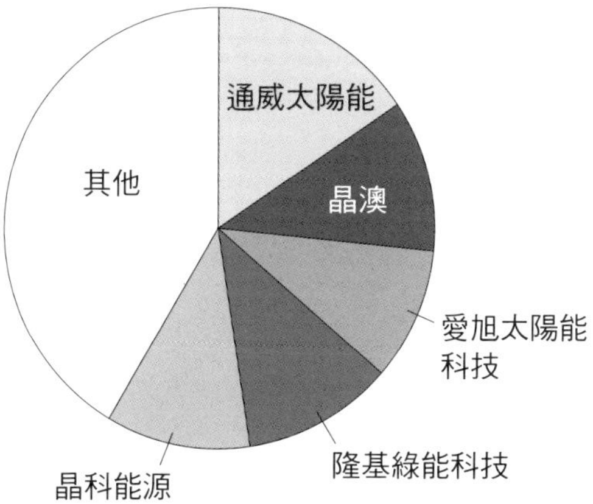

出處：https://xtech.nikkei.com/atcl/nxt/column/18/02443/060200004/?P=2

圖表 7-2　2019 年大型液晶面板全球市占率

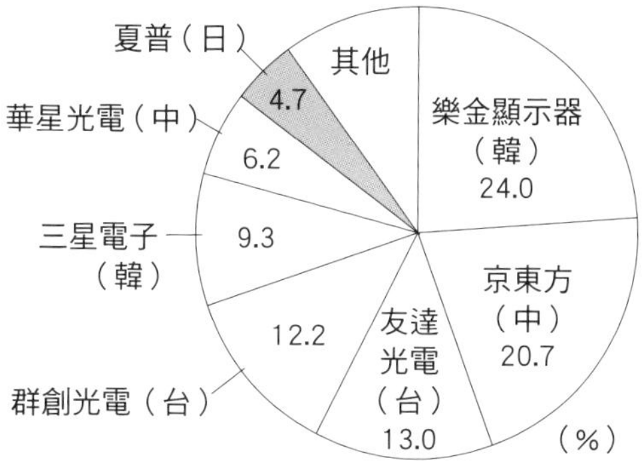

出處：英富曼（Informa）https://www.nikkei.com/article/DGXMZO57487760R30C 20A3TJ1000/

增加。由於面板市場的波動極大，韓國和台灣的製造商透過靈活的經營判斷，巨額投資於生產設備，於二〇〇〇年代中期掌握了主導權。

隨後，雷曼兄弟破產風暴引發的經濟衰退對日本造成嚴重打擊。日本各大電器企業在液晶面板事業蒙受巨額虧損而相繼退出市場。夏普於二〇一六年開始在台灣鴻海旗下進行重組，而日立、東芝及索尼於二〇一二年共同成立的日本顯示器同樣陷入經營危機。

液晶面板的設備投資不斷增加，中國企業在政府的支持下，相繼進入市場角逐競爭，提供與台灣和韓國企業同等品質的液晶電視產品，不但使得日本企業被逐出市場，台灣和韓國製造商也面臨著強烈的競爭。

除了鋼鐵、太陽能板、造船業，日本許多產業的霸權都移轉到了韓國、台灣及中國。」

分析這些產業的轉變，可以發現台灣和韓國能夠取得優勢的原因，不是技術上的差距，而是「機動性的經營判斷和巨額的設備投資」。換句話說，日本之所

圖表 7-3　2022 年電動車電池全球市占率（1 至 11 月）

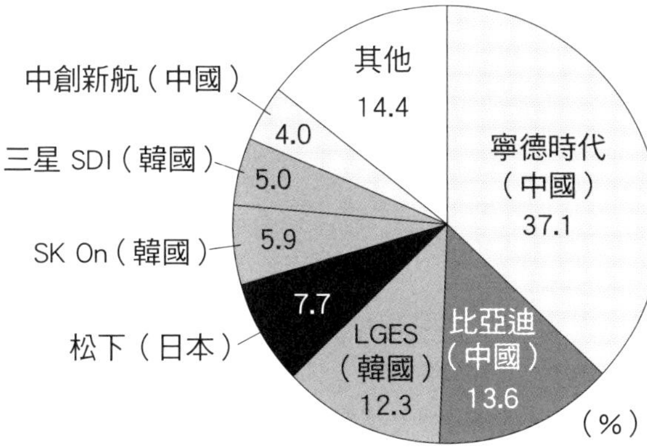

出處：韓國 SNE 研究所 https://president.jp/articles/-/65354?page=4

以失敗，是因為沒有快速大量生產。

目前，由日本人獲得諾貝爾獎的鋰電池，其商業收益卻流向中國企業。在備受期待的電動車市場，中國和韓國的製造商競爭激烈，而日本則只有松下孤軍奮戰（圖表 7-3）。正如第四章所述，中國企業並非透過最先進技術達到產品差異化，而是透過現有技術大量、穩定、低成本生產電池，取得良好的業績。

觀察日本高科技產品的衰退，就可以明顯看出，日本對於開發新技術和產品（價值創造）雖然十分積極，但常常由其他國家收割從新

圖表 7-4　能力成長方向的差異

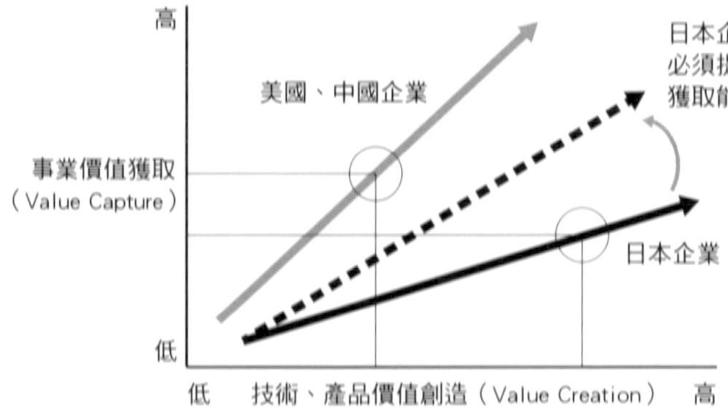
日本企業
必須提升價值
獲取能力

出處：作者根據延岡健太郎資料製表

技術所帶來的收益（價值獲取）。

二十世紀的日本積極開發新技術，並透過新技術創造的新價值，消費者願意買單，從而獲得巨大的收益。然而，隨著數位科技的發展，要想在競爭中生存，必須善於利用分工、開放、標準化等各種商業智慧，而不僅僅是產品的功能和性能。

這並不是說日本的能力不如其他國家，而是能力發展方向不同。大阪大學教授延岡健太郎指出，日本在創造技術和產品的價值創造能力方面特別優異，但美國企業則在獲取商業價值的能力方面更勝一籌（圖表7-4）。

例如，電腦廠商戴爾並沒有自行開發或生產零件，卻是電腦市場上的頂級品牌。戴爾從其他公司採購ＣＰＵ、記憶體等電腦組件，並委託外部工廠生產。其產品與其他公司相比並沒有太大的差異，卻具有快速、高效採購零件和交付產品的能力。也就是說，戴爾不是透過價值創造來拉開差距，而是透過採購、物流、供應鏈等商業力量來獲得價值差異。

中國也是一個具有強大價值獲取能力的國家，許多中國企業一開始的技術差異化並不大，但透過商業智慧而成功，快速成長的電動車製造商比亞迪就是一個例子。

比亞迪是由工程師王傳福於一九九五年在深圳創立的電池製造商，雖然鎳鎘電池作為充電電池技術已經存在很長時間，但在一九九〇年代，日本企業開始將開發資源集中在性能更高的鋰電池上。根據王傳福的觀察，雖然鎳鎘電池技術對於日本而言已經過時，但對於中國來說依然有很大的需求[28]。

---

28 徐方啟（2015）〈中國電動車廠商比亞迪的競爭戰略〉《近畿大學商經學叢》62（1）pp.17-31

這與三星的黑白電視業務類似。日本在追求先進技術的同時放棄現有技術，而比亞迪則利用日本放棄的現有技術，在能夠發揮這些技術的市場中找到發展機會。

比亞迪隨後開始為芬蘭的諾基亞、美國的摩托羅拉等手機大廠生產電池，一九九九年成為全球最大的充電電池製造商，並於二〇〇二年開始生產鋰電池。二〇〇三年，比亞迪利用電池事業的資金收購中國國營的汽車製造商，進軍電動車領域，迅速成長為全球最大的電動車製造商。

比亞迪和三星等公司並非擁有最先進的技術，但擁有超越價值創造的價值獲取能力，透過這種能力而獲得收益，並將收益投入到研發中，從而提升自身的價值創造能力。

5 對韓出口管制下展現的日本優勢

雖說獲取價值需要商業智慧，但並不意味著不需要技術智慧來創造價值。

事實上，創造價值的能力是日本的強項，在強化日本弱點的同時，發揮日本的強項。

再次回到韓國和半導體的話題。二〇一九年，日本經濟產業省突然發表要嚴加管制對韓國的化學品出口，禁止輸出三項原料，包括用於半導體製造的氟化氫（ＨＦ）、氟化聚醯亞胺（ＰＩ）及光阻劑，日本和韓國之間因而產生摩擦。雖然日本政府聲稱，出口到韓國的化學用品有可能用於製造武器，因而加以管制，但由於日韓之間存在徵用工等政治問題，當時的韓國政府是對日本持強硬態度的左派執政，更加劇了日韓對立。

因此，韓國開始促進半導體相關產品的國產化。根據《日刊工業新聞》報導指出，「韓國正在積極推動將用於半導體蝕刻或清洗的高純度氟化氫，從日本產品替換為當地生產的產品[29]。」《日本經濟新聞》也報導：「韓國的半導體材料製造商正在擴大與三星等本國半導體大廠的交易。由於日本嚴格管制出

29 https://newswitch.jp/p/36312

口，國產化的氛圍高漲，相關企業的總營業利潤在四年間倍增[30]。」

這些出口管制強化措施於二〇二三年四月全面解除[31]。由於事態如此嚴重，韓國半導體產業與日本半導體產業之間的鴻溝似乎會擴大，但實際上，韓國半導體企業轉向國內產品的比例似乎有限。關於這一點，以下引用《日刊工業新聞》的一段較長的報導：

「由於各公司都持續對韓國出口，日韓半導體和原料產業之間的牢固聯繫似乎並沒有從根本上動搖。『對韓國的出口量減少了，但仍有一定量的出口。客戶需要我們的產品，其他國家的進口或本國生產無法取代』（Stella Chemifa Corp）。日本企業的高純度化技術和品質管理並非輕易能模仿。」

一方面，捷時雅（Japan Synthetic Rubber, JSR）、東京應化工業、住友化學等公司發展的ＥＵＶ微影用光阻劑，幾乎沒有受到出口管制強化措施的影響。

住友化學社長岩田圭一表示：「只要辦妥手續就沒有問題。」也有一些企業已將生產在地化。日本企業掌握全球光阻劑約九成市占率，尤其是用於最先進半導體製造的EUV光阻劑，始終由日本廠商領先。據推測，韓國廠商生產最先進半導體的過程中，同樣使用日本廠商的EUV光阻劑。

日本的半導體材料公司積極持續對韓國進行投資，東京應化工業預計在二○二二年前擴充位於韓國仁川市的據點，以EUV和ArF微影用光阻劑為主，將產能提高到二○一八年的兩倍以上。捷時雅將原本與當地合資經營的韓國銷售、服務據點改為完全子公司，並強化研發。住友化學和Resonac HD也在韓國推進半導體相關投資。

從這篇報導可以得到有關於日本半導體材料和設備產業的兩個重要啟示：

第一，材料製造商的工廠通常會鄰近半導體工廠。這次的契機是出口管制

30 https://www.nikkei.com/article/DGXQOGM101XQ0Q3A310C2000000/

31 https://www.nikkei.com/article/DGXQOUA285RN0Y3A420C2000000/

強化，但也顯示出日本廠商很早就開始在韓國半導體工廠附近建立材料工廠。雖然將製造工廠移到海外會減少日本的就業機會，但如果日本產品仍然受到海外客戶青睞，對日本來說也是有利的。不過，最理想的情況還是能在日本製造半導體，同時也在日本製造零件和設備。

第二，也是更重要的一點，無論日韓貿易演變成多麼複雜的狀態，半導體相關產品都不是韓國能夠輕易在地化，韓國依賴日本的情況還會持續下去，韓國的半導體產業仍無法擺脫對日本產品的依賴。

儘管韓國國民情緒也引發了抵制日貨的運動，而且韓國在半導體領域已超越日本，韓國在不含晶圓代工的半導體銷售額市占率方面僅次於美國，位居全球第二，但仍然需要日本的材料和設備（圖表7-5）。

然而，當這些材料和設備技術成熟，技術差異不再是主要競爭力時，價值獲取能力就會變得更為關鍵。也就是說，趁著日本還能憑藉技術價值創造保持競爭力時，應該加強整個半導體產業的價值獲取能力，也就是提升半導體事業的商業能力。

圖表 7-5　2020 年各國、地區（總公司所在地）
半導體營業額市占率

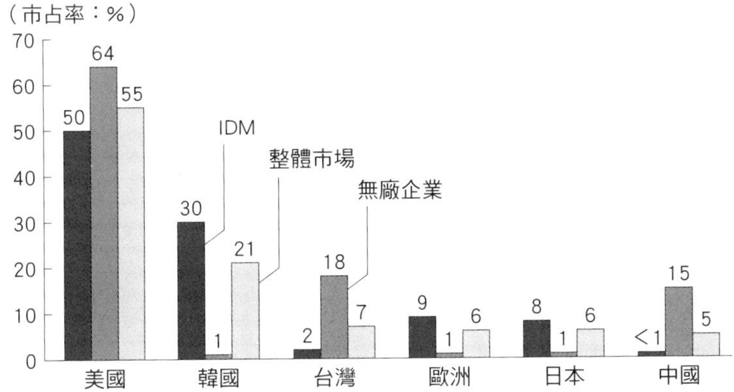

出處：作者根據延岡健太郎資料製表

第 8 章

台灣能成為世界第一的深度解析

1 失去聯合國後盾的台灣

再次回到台灣的話題。台灣在一九六〇年代以前，主要產業是農業和輕工業。在這樣的背景下，台灣政府決定率先發展最先進的半導體產業。韓國的半導體開發最初也是由政府主導，台灣研究了韓國的開發模式，並加以模仿。

一九七〇年代是台灣最艱困的時期。由於國共內戰，蔣介石領導的中華民國政府退守台灣，中國大部分地區被北京政府控制。

然而，當時的台灣中華民國地圖將包括蒙古在內的所有地區標示為中華民國領土，這是官方的立場，並得到國際社會的認可。當時，聯合國認為北京政府是非法政府，而中華民國政府是合法政府，並在台北成立臨時政府。

因此，儘管一九六〇年代軍事力量明顯是北京政府更為強大，但國際社會認為代表全中國的是位於台北的中華民國政府。由於有這樣的國際支持，台灣才能在與中國對峙的緊張局勢中保持平衡。

進入一九七〇年代，北京政府的影響力在世界上不斷增強。美國總統突然訪問北京，使北京政府進一步躍登世界舞台。美中關係解凍的氛圍引發聯合國代表權的問題。聯合國一改之前的立場，承認實際控制中國的不是台灣而是北京，並決議將中華人民共和國成為聯合國的正式代表。

雖然台灣宣稱自己退出聯合國，但聯合國認為這只是政府更迭的問題。也就是說，中國這個國家沒有改變，只是代表中國的政府從中華民國變成中華人民共和國，這是國際社會，包括日本的共識。中國這個國家依然存在，只是政府更替為北京政府，這就是美中、日中關係正常化的意義。

2 台灣退出聯合國後與日美的關係

在思考與台灣的關係時，日美雖然為了現實考量不得不承認社會主義中國，但必須考量友軍陣營一員的台灣立場。因此，在中美、中日建交的過程中，同時也在決定如何處理與斷交的台灣建立外交關係。

台灣方面成立了「亞東關係協會」（現為「台灣日本關係協會」），日本方面則成立了「交流協會」（現為「日本台灣交流協會」）來維持交流。雖然都是民間組織，但日本交流協會派駐了外務省、經濟產業省等政府部門官員，以民間交流的名義實施對台政策。

順帶一提，連交流協會的名稱也是經過一番爭論才決定的。過去台灣方面曾一度堅持使用「日華交流協會」的名稱，但日本認為使用「中華」一詞會引起中國反感而拒絕這個提議，最後只好採用一個曖昧籠統的「交流協會」名稱。直到安倍政權時期，日本表明支持台灣的立場，交流協會才更名為「日本台灣交流協會」。

雖然以民間合作形式保留實質的外交管道，但交流協會台北事務所所長名義上是民間團體的負責人，實際上是大使層級的人物。派任為所長者先從外務省調任到台北，任期結束後再回到外務省擔任大使；高雄也設有高雄事務所，所長為公使級。儘管表面上斷絕了外交關係，但日本實質保留了與台灣的外交關係。

美國也採取類似的做法，成立民間組織來維持交流。美國原本與台灣簽訂類似《日美安保條約》的《中美共同防禦條約》，但斷絕外交關係後，這個條約無法繼續存在，因此美國透過國內法制定《台灣關係法》的形式向台灣提供援助。

總之，被迫退出聯合國的台灣，失去以往在國際法上的獨立國家地位。

3 半導體成為國家產業政策

失去國際法地位的台灣，意識到不能永遠依賴美國和日本，必須走上自力更生的道路。在這樣的背景下，台灣面臨必須增強軍事現代化和經濟兩大挑戰，最後選擇半導體產業，以同時解決這兩大問題。

在二戰結束前，軍隊的強弱取決於陸軍的兵力；然而到了二十世紀後半，導彈等誘導武器的時代來臨，士兵數量在衡量軍事力量方面不再重要，而半導體是這些誘導武器的核心技術，選擇半導體的第一個原因是為了增強軍事力量。

另一個原因是經濟方面的考量。在半導體領域，先行者韓國主要集中在價格相對較低、以量取勝的電腦用記憶型晶片，而作為後起之秀的台灣則選擇發展運算型的邏輯晶片。

之所以做出這樣的選擇，是因為台灣政府預測半導體未來不僅會用於電腦，還會廣泛應用於家電產品。因此，從長遠市場來看，具有高附加價值的邏輯晶片市場需求必然會大幅成長；也就是說，技術選擇本身就是基於市場考量，而非純粹的技術原因。

這種思維正表現出台灣半導體產業的特性。台灣隨後成立工研院，這是由政府支持的半導體研究機構，工研院從設立時，就不僅注重研發，也重視生產和製造，並且為了達成目標，選擇美國的 RCA 作為技術合作夥伴，從研發階段就開始考慮量產。

順便一提，工研院相當於日本的產業技術綜合研究所（簡稱產總研），但產總研更注重技術本身的開發，與商業化聯繫較少；而工研院是為了應對台灣可能面臨的生存危機而成立的，因此非常重視商業化。

至於選擇與 RCA 技術合作的原因，是因為 RCA 不僅提供技術開發，同時提供製造工程師的培訓。工研院的目標不僅僅是開發半導體，還要在台灣達成量產，因此選擇了能提供量產支持的 RCA 作為合作夥伴。

4 開發與製造分離——無廠企業與晶圓代工模式

一九八五年，被稱為「台灣半導體之父」的張忠謀就任工研院院長，他是台積電的創始人和前董事長，目前雖然已經卸任董事長一職，依然具有莫大的影響力。

張忠謀擔任院長期間，確立了將設計和製造分開的晶圓代工模式。所謂的無廠半導體企業，就是公司只負責開發，並未擁有自己的生產設備；換句話說，只負責設計，不負責生產。相對的，晶圓代工廠並不具備開發機能，只負責承接半導體的生產製造事業。後來，三星也開始專注於製造的晶圓代工事業，近年來三星開始提供三奈米和五奈米製程的晶圓代工，成為台積電強大的競爭對手。

專業分工的生產模式的確具備許多優勢，其中之一便是能夠有效滿足眾多企業的需求。雖然ＩＤＭ製造商能一手包辦從設計到製造的流程，卻不利於少量多樣化的生產模式。這是因為ＩＤＭ為了追求生產效率，必須大量生產單一規格的半導體，才能達到規模經濟效益；若是少量生產，生產成本便會大幅提高。

相較之下，晶圓代工廠能整合多家客戶的訂單，將不同規格的半導體產品合併在同一晶圓上生產。這樣一來，即使個別產品的生產量不多，但整體產能依然能維持在高檔，兼顧生產彈性和成本效益，這是晶圓代工廠獨特的競爭優勢。

此外，晶圓代工廠專注於生產，因此能夠積累比其他公司更多的製造經驗，有助於提高良率、生產效率，以及生產更高品質、更具經濟效益的半導體，因此全球眾多的無晶圓廠公司紛紛將生產委託給台積電、聯電等世界頂級的晶圓代工廠。

再者，台積電等晶圓代工廠不參與半導體的開發，也是客戶信任他們的一大原因。舉例來說，當一家公司想委託其他公司生產半導體，如果選擇日本等自己也生產半導體的公司，委託生產的半導體技術就有可能外洩；相較之下，選擇專門從事生產製造的公司，就能大為降低技術外洩的風險。

世界最大的半導體製造商台積電宣稱，公司只專注於生產製造，不參與半導體的開發，對所有客戶一視同仁，因此全球各地的公司都能安心將業務委託給台積電。

這與之前提到的優先考慮客戶利益而非自身利益的零件外部銷售業務近似，都是為了建立信任感。

另一個值得關注的是，台積電專注於生產技術。技術的應用分為兩種：一種是開發產品的技術，另一種是生產產品的技術，這兩種技術的性質完全不同。生產技術基本上是累積性的，適合軍隊式的組織；而產品開發技術則需要新的想法和多樣性，需要靈活的組織，日本擅長開發新產品，但並不擅長生產技術。

台灣的鴻海也是一家專注於生產的公司，鴻海是夏普的母公司，也生產iPhone。鴻海的客戶包括ＩＢＭ、惠普ＨＰ、戴爾、索尼、任天堂、蘋果等，這些公司都看重鴻海的高品質、低成本的生產技術，將生產業務委託給鴻海。

台積電絕對是半導體生產領域的佼佼者，無論客戶提出什麼樣的生產要求，他們都能使命必達。即使是看起來非常困難、幾乎不可能完成的訂單，台積電也能想辦法達成客戶期望，這就是台積電的優勢特色。

傳統上，產品的開發和生產通常是在同一家公司內進行，但台灣率先將半導體的設計和生產完全分開，並選擇專注於生產。

在研究所裡開發出最先進的半導體原型，和將其量產是完全不同的兩回事。即使是研究所級別的原型產品，也可以交給台積電進行量產，因此，全球的半導體開發公司都將生產製造業務委託給台積電。

5 台灣模式引發半導體產業國際分工

半導體設計與生產製造分離的晶圓代工模式，為產業帶來了另一項重大變革。

日美半導體摩擦的問題在於，半導體企業、設備和材料都集中在一個國家的供應鏈中。當美國半導體強大時，美國的半導體企業、設備商和材料供應商也都很強大，因此日本如果奪取了半導體市占率，就意味著日本在所有方面都超越了美國。

然而，晶圓代工模式的引入，打破這種「全盤皆輸」的局面，由於設計和製造分開，即使製造部分被外包，美國企業作為設計者仍然擁有知識產權。例如英特爾和超微的中央處理器雖然在台灣生產，但終端成品仍屬於美國公司，因此美國在終端產品市場仍保有相當高的市占率。

這樣一來，過去那種擁有最強產品的國家就能壟斷整個供應鏈的情況不復存在。因此，日本在半導體材料、矽晶圓和部分半導體製造設備方面占優勢，美國在部分半導體製造設備和最終產品方面占優勢，台灣則在半導體製造方面占優勢，形成國際分工。

也就是說，半導體產業的優勢被分為材料、設備和最終產品三個方面（儘管半導體材料製造商通常會靠近半導體工廠，這使得情況有些複雜），因此不再可能由單一國家或企業壟斷整個半導體產業，也就避免了像日美半導體摩擦這樣的爭端。台灣創建的這種新的生產模式，使半導體產業成為一個可以進行國際分工的產業。

然而，這並非意味不再需要追求第一，由於不需要再掌握垂直整合的所有產業，因此從供應鏈中的某一項特定事業取得第一極為重要。更進一步來說，只要能在供應鏈的某個特定環節成為關鍵角色，即使不能垂直整合所有產業，依然能在整個供應鏈中發揮主導作用，成為平台領導者。

6 無廠半導體巨頭輝達

前面提到，掌握供應鏈中的關鍵部分就能控制整個產業。例如在個人電腦領域，一旦英特爾和微軟決定CPU和作業系統的基本規格，其他生產個人電腦組件的半導體和零件企業就不得不遵循英特爾和微軟的規範。這樣一來，即使英特爾和微軟只生產CPU和作業系統，也能控制全部的個人電腦產業。

現在，在電腦領域最受關注的是ＡＩ，而ＡＩ產業的主導者是圖形處理器（ＧＰＵ）的頂尖企業輝達（NVIDIA）。

正如本章前面所述，由於英特爾是ＩＤＭ，自行設計和生產中央處理器。而輝達則是一家無廠半導體企業，輝達是由台灣裔美國人黃仁勳於一九九三年創立的ＧＰＵ開發公司。ＣＰＵ是專門用於計算的邏輯ＩＣ，而ＧＰＵ是更專門化的邏輯ＩＣ，專門用於圖像處理。

第一章說過半導體就像電路開關，透過開關可以進行計算。我們通常認為計算就是「３＋５＝８」或「２×８＝16」這類的四則運算，這種任意位數的計算稱為算術。

然而，電腦使用二進位制，只用〇和一表示數字。十進位制的〇在二進位制中是〇，一也是一，但是二是一〇，三是一一，四是一〇〇，五是一〇一……所有數字都用〇和一表示。因此，電腦內部進行的不是算術運算，而是邏輯運算，亦即判斷所有事件的真假。

圖表 8-1　邏輯運算與邏輯電路

AND演算

輸入1	輸入2	輸出
0	0	0
0	1	0
1	0	0
1	1	1

OR演算

輸入1	輸入2	輸出
0	0	0
0	1	1
1	0	1
1	1	1

NOT演算

輸入	輸出
0	1
1	0

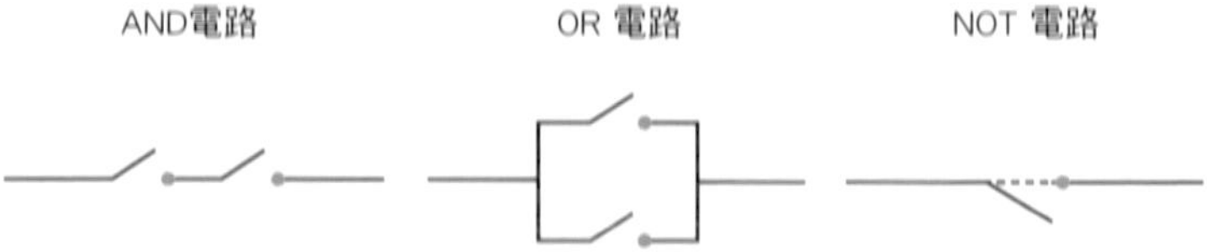

出處：作者製表

此時，我們將沒有電流通過的狀態（0）視為假，有電流通過的狀態（1）視為真。邏輯運算的基本運算有AND、OR和NOT三種，如圖8-1所示，分別對應英文的and、or和not。

AND運算必須是當兩個值都為真（and）時，結果為真，否則為假。OR運算則是當其中一個值為真（or）時，結果為真，否則為假。NOT運算則是真變為假，假變為真。

在電腦進行這些邏輯運算時，就如前面的圖示，例如

AND電路可以用串聯的開關來表示，如果兩個開關都閉合，電流才能通過；OR電路可以用並聯的開關來表示，只要有一個開關閉合，電流就能通過。

透過將這些邏輯運算的結果轉換為十進位制或十六進位制，可以讓用戶感覺到電腦在進行十進位制的算術運算。為了高速高效地進行這種計算，CPU內部需要嵌入大量的邏輯電路。因此，若要提高電腦性能，就必須縮小晶片製程，以容納更多的邏輯電路。

專門用於圖像處理的電路，我們稱為GPU，電腦螢幕顯示的資訊是由許多點組成的2D圖像，GPU的工作就是高速並行地控制這些點。這種並行處理方式與人腦的工作方式相似。所以，GPU的工作方式與人類的計算方式很相似。

這樣一來，大家應該就能明白為什麼GPU非常適合用於AI計算了。因此作為GPU的頂級製造商，輝達成為AI產業的核心企業。例如最新的H100 GPU採用四奈米製程，在八百一十四平方毫米的晶片上集成了八百億個電晶體。

由於輝達是無廠半導體企業，由台積電代工，在台積電生產四奈米製程。

二〇二四年二月二十六日的《日本經濟新聞》報導「ＡＩ相關股票推動全球股市上漲，輝達效應持續」的消息。報導指出，日本東京證券交易所的日經平均指數持續上漲。前一個交易日創下自泡沫經濟時期以來的新高，而買盤勢頭依然強勁。受美國半導體巨頭輝達業績優異的刺激，全球股市持續上漲，ＡＩ相關股票成為推動力。

像ＧＰＵ這樣在某一領域獨占鰲頭的公司，即使沒有自己的半導體製造設備，也能對全球股市產生重大影響，這就是成為平台領導者的意義。

第 9 章

美中貿易摩擦，誰坐收漁翁之利？

1　以晶片四方聯盟圍堵中國的戰略

本章將探討在美中貿易摩擦背景下，日本如何重新找回半導體產業的影響力？

近年的美中貿易摩擦與過去的美日摩擦一樣，都是由於半導體引發的國家利益衝突。不過，當前的情勢還涉及國家安全保障問題，使情況更加複雜。

過去在日美對立時，也有論點指出，美國企業在軍事技術方面，半導體競爭力的下降會影響美國的國家安全。然而，無論是過去還是現在，日本都是與美國同盟，因此與盟國之間的摩擦，和與有著不同意識形態和制度的中國之間的對立，衍生的危機感完全不能相提並論。

本書在討論台灣問題時也提到，現代軍隊的戰力主要依賴半導體作為核心零件的導彈等武器系統，此外，近期在俄烏戰爭中無人機等設備的活躍，也顯示出半導體控制和ＡＩ技術在軍事技術中的重要性。

有關台積電在海外設廠，選擇將較低階的二十二／二十八奈米製程於日

圖表 9-1　不同製程的各國、地區的半導體生產能力

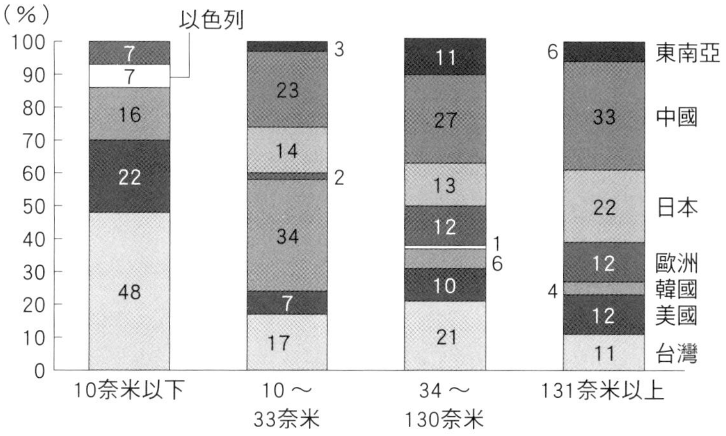

出　處：https://www.jetro.go.jp/biz/areareports/special/2023/0501/d446713f61c3fa47.html

本設廠，在美國亞利桑那州建設先進的三／五奈米製程的工廠，這可以說是就市場需求的選擇：日本主要需求為汽車和家電，因此適合設置二十二／二十八奈米製程的工廠；美國擁有龐大的軍工市場，因此需要先進AI技術所需的先進製程工廠。

從圖表9-1可以看出各國不同製程的半導體生產能力。有能力開發十奈米以下產品的國家僅限於台灣、美國、韓國、以色列及歐洲，而實際生產主

要集中在台灣和韓國。

對美國來說，值得慶幸的是，中國尚未具備生產十奈米以下先進半導體的能力。然而，中國在半導體製造領域已經占據重要地位，並且像華為的七奈米晶片這樣的消息已經引起美國的震驚。

雖然台灣和韓國站在美國這一邊，但台灣面臨與中國的兩岸對立問題，韓國也因與中國接近的北韓對立而存在地緣政治風險。

因此，由美國主導，與同樣具有自由主義經濟價值觀的成員，包括台灣、日本及韓國組成「晶片四方聯盟」（Chip 4），針對最先進的半導體技術進行合作，也就是四國共同開發最先進的半導體技術，並以此對抗中國的技術崛起。

曾經削弱打壓日本半導體產業的美國，現在寧願讓日本負責開發和製造，也不願技術落入中國手中。對日本來說，這是一個可以藉機東山再起的機會。

2 趁著美國的盤算，日本半導體產業能否重振？

在半導體設備製造領域，最先進的晶片光刻機為ＥＵＶ光刻機，目前只有掌握該技術的荷蘭艾司摩爾能夠生產，連日本的光學巨頭佳能和尼康都無法製造。因此，兩家公司的市占率急速下墜。

雖然艾司摩爾負責開發和製造先進ＥＵＶ光刻機，但主導ＥＵＶ光刻機研發的是與艾司摩爾合作的愛美科。愛美科是比利時研發半導體製造設備的研究所，艾司摩爾和愛美科合作開發最先進的光刻機，目前只有他們能夠生產五奈米和三奈米製程所需的光刻機。

美國因此向荷蘭施壓，要求不要出售給中國最先進的光刻機，導致中國向世界貿易組織提起訴訟表示抗議。此外，美國似乎有意改變目前只讓荷蘭艾司摩爾生產最先進光刻機的局面，因為美國認為，與荷蘭、比利時等歐洲國家相較之下，日本更容易控制。

實際上，日本的新公司 Rapidus 正在利用這個局勢，與比利時愛美科和只專注研發最先進晶片的ＩＢＭ合作，開發超越二奈米的「Beyond 2nm」晶片，並表示將建設能夠進行晶片製造的設備。然而，過去最多僅能製造四十奈米晶片的日本來說，能否真能實現二奈米製程令人存疑。

此外，雖然日本在半導體材料和設備方面具有一定的全球影響力，但日本企業並不將日本國內視為優先市場，這是因為國內缺乏大型客戶。這使得人們對日本經濟產業省支持的半導體開發製造公司 Rapidus 的前景感到擔憂。國內企業是否會真心協力，仍是一個問號。

據報導，雖然許多日本知名企業參與了 Rapidus，但有些公司表示只是應經濟產業省的要求敷衍了事。因此，很難說所有日本企業都能真心支持 Rapidus，設備和材料製造商可能會優先考慮台灣、韓國及中國等大型客戶。不過，如果對中國的出口受到限制，國內市場可能會受到更多關注。可以說，目前的世界局勢對日本和 Rapidus 來說可能是一個有利的機會。

關鍵在於，各家企業是應該專注於材料和設備的順利發展，還是優先考慮重新建立日本的半導體產品開發和製造能力。此外，如果美國願意為了遏制中國而支持日本，日本半導體產業就有重振旗鼓的機會。雖然機會不多，但如果運作得當，日本或許能夠重返昔日的榮光。

3 晶片四方聯盟成員各自的考量

然而，晶片四方聯盟是否能如美國所願成功圍堵中國，仍存在一些疑慮。

在這個聯盟中，台積電決定在美國亞利桑那州建廠，但台積電本身也擔心，在美國擴大生產可能會破壞台灣在半導體製造方面的優勢，影響其與中國的關係平衡。

另一方面，韓國與日本不同，內需市場較小，經濟高度依賴出口，中國是韓國重要的出口市場，因此韓國無法輕易得罪中國。換句話說，韓國不能僅僅因為是盟友就無條件支持美國。

日本的情況也類似。如前所述，日本的設備和材料製造商並不優先考慮國內市場，而是將海外客戶放在首位。當然，中國也是這些海外客戶的重要一部分。

以材料和設備製造商為例，大約二〇%的客戶是中國企業，如果聽從美國的要求停止向中國出售產品，營業額將直接下滑二〇%，利潤也會隨之減少，進而影響新一代產品的開發。如果停止與中國的交易，如何填補失去的需求將成為一個棘手的問題。

4 加強與韓國合作的必要性

不僅是美國，其他國家也面臨來自中國的威脅。為了應對中國企業在中國政府的強力支持下日益增強的競爭力，擁有共同民主價值觀和互補產業結構的日本、韓國及台灣需要繼續保持良好關係，並建立更緊密的合作體系。

這是因為，中國是最希望看到三者關係惡化的國家。特別是，在文在寅政府時期加強對中國依賴的韓國，隨著保守派尹錫悅政府上台，對日和對台關係出現了改善的跡象，日本也將韓國重新列入出口優惠國家。

雖然要完全擺脫對中國的依賴並不容易，但必須逐步降低這種依賴程度。如果韓國過於重視與中國的關係，韓國的電子產品可能會成為歐美的制裁對象。

鑑於歐美國家對中國在國內加強管制，以及在俄烏戰爭中，中國支持俄羅斯的行為表示強烈譴責，韓國政府無法再像文在寅政府時期那樣採取見風轉舵的騎牆派外交，韓國需要明確表明自己的立場。

此外，從另一個角度來看，韓國的半導體產業與台灣半導體產業代表的台積電正在進行激烈的開發競爭。雖然韓國近年來一直在推進半導體材料的國產化，但由於品質等問題，在與台積電競爭最先進製程時，仍然需要依賴日本的優質材料。

另一方面，日本也希望重視韓國這個主要客戶。如果美國加強對中國出口半導體相關材料和設備的制裁，考慮到日本半導體相關產業約二〇%的產品出口到中國，日本就需要尋找新的需求市場。因此，日本需要在台灣和韓國的半導體企業中建立穩固的客戶關係，以銷售日本的材料和設備。

雖然尹錫悅政府執政下的韓日關係相對良好，但由於韓國是兩黨制國家，在新的總統選舉後，也不排除日韓關係可能惡化。日本應該避免不必要的爭端，以免讓第三方漁翁得利。

5 日本與台灣的蜜月期能持續多久？

二〇二四年一月十三日台灣舉辦決定未來四年施政方向的總統和立法委員選舉。執政的民進黨堅持反中路線，而在野的國民黨則主張與中國和解。選戰最後階段的競爭出乎意料地激烈。

原本被看好延續民進黨執政權的候選人賴清德，在選舉後期面臨國民黨侯友宜和台灣民眾黨柯文哲兩位候選人合作的威脅，但最後藍白合破局，兩人未能達成共識。雖然賴清德再次領先，但選舉結果非常接近。賴清德當選下任總統，民進黨成為台灣首次同一政黨連續三屆總統勝出的政黨。

然而，賴清德的得票數遠低於上一屆總統蔡英文連任的得票數，而且民進黨在立法院失去過半數席位。這一選舉結果表明，台灣民眾對兩岸關係的地緣政治風險感到困惑，未來與日本保持密切關係的政權也並非牢不可破。

二〇一〇年，在國民黨馬英九執政時期，台灣與中國簽署類似於自由貿易協定的《海峽兩岸經濟合作架構協議》（ECFA）。二〇一二年，又簽署投資保障協定和海關合作協定，這些協定已經生效。但二〇一三年簽署的《海峽兩岸服務貿易協議》由於受到台灣民眾，尤其是年輕人的強烈反對而一直未能生效。

服務貿易協定之所以受到反對，是因為民眾擔心中國企業會大量投資台灣房地產，導致房價如同香港般飆升，台灣人買不起都會區的住宅，因而引起台灣年輕階層的反彈，成為政權輪替的導火線。

二〇一四年三月十八日，以民眾占領立法院事件為契機的太陽花學運，就是由反對服務貿易協定的學生發起，對國民黨政權的不滿一舉爆發，這場運動導致二〇一四年底的全國地方公職人員選舉國民黨慘敗，並且在二〇一六年的總統大選中由民進黨的蔡英文當選，成為台灣首任的女性總統。民進黨執政後雖然也持續與中國進行物品貿易協定的談判，但始終未能達成協議。

不過，ＥＣＦＡ中的早收清單（提早降關稅的商品清單）已經實施，台灣方面為二百六十七項，中國則有五百三十九項的商品已降為零關稅。早收清單中，中方的項目比台灣多，是因為在國民黨執政時期，中國為了攏絡台灣而給予更多優惠，使ＥＣＦＡ對台灣更有利。

這次大選期間，中國政府曾威脅，如果民進黨強化對中國的半導體產品出口管制，將會取消對台灣的優惠待遇。雖然最後還是民進黨勝選，但中國如果對台灣施加過大的壓力，反而可能激起台灣民眾的反彈，因此中國可能會採取一些相對溫和的措施，例如限制貿易額較小的農產品等出口限制。

對於中國來說，兩岸經濟統一是「一帶一路」政策重要的一環，也是兩岸關係的重要談判籌碼，因此中國不太可能完全廢除ＥＣＦＡ及早收清單的核心部分。可以預見，即使民進黨繼續執政，中國也會利用ＥＣＦＡ對台灣施加經濟壓力。

民進黨執政後，台灣的基本路線仍是親美反中。但由於民進黨未能在議會取得過半數席次，因此難以採取積極與美國合作的政策。但有關美中貿易摩擦焦點的半導體領域，可以預測美國可能會要求台灣加強對中國的出口管制。

ＥＣＦＡ早收清單項目中的半導體、電機及精密儀器等產品，由於美中對立，台灣對中國的出口已經有所減少。降低對中國的經濟依賴，是台灣從蔡英文政權時期至今仍然延續的政策。

然而，二〇二三年夏季，有消息稱台灣仍在向中國出口半導體設備和材料，這引發對台灣加強出口管制的呼籲。美國希望阻止中國發展十奈米以下的先進半導體，因此要求對中國實施更嚴格的出口管制。

儘管如此，就如我在第一章的說明，華為發表的最新型手機 Mate 60 Pro 中使用由中芯國際製造的七奈米製程晶片，證明對中國封鎖先進半導體所需的設備及材料可能並未完全成功。在這種情況下，台灣政府被要求對中國出口設備及材料的管制必須更加嚴格。

然而，或許只有在民進黨執政的情況下，台灣才有可能主動加強這種管制。如果國民黨重新執政，可能會優先考慮重建兩岸經濟關係，因此不太可能繼續執行親美反中的政策。

此外，由於台灣是全球最大的半導體生產基地，日本和歐洲也向台灣出口半導體製造設備和材料。如果對台灣實施出口管制，將對全球半導體產業造成重大影響，因此這種做法並不可行。這意味著，美國對中國的圍堵也有可能會失敗。

6 促進日台合作的機會

台灣亞東關係協會與日本財團法人交流協會代表台日雙方，於二〇一一年就有關投資自由化、促進及保護合作協議，簽訂《台日投資協議》，這份協議相當於實質上的自由貿易協定。協議內容為保障國民待遇和最惠國待遇，讓兩國間即使沒有邦交，也不會成為投資的阻礙。台積電在日本投資設廠，可說是日台關係建設成果的展現。

如果中國成功量產先進半導體，美國被迫使用中國製半導體，意味著美國的徹底失敗。然而，由於半導體不僅是重要的經濟產業，也是重要的國防技術，因此美國不太可能輕易採用中國的半導體。因此可以預見，美中之間的半導體供應鏈將會脫鉤。

在這種情況下，日本的 JASM 第二、第三工廠生產先進半導體，以及 Rapidus 自主開發和製造最先進半導體，將具有重要意義。

Rapidus 不僅利用國內技術，還與美國 IBM、比利時愛美科等歐美企業和研究所進行技術合作，雖然借用了歐美的力量，卻沒有與台灣、中國及韓國產生關聯。

台灣和韓國在半導體製造技術方面具有一定的優勢，因此 Rapidus 缺乏與台、韓技術合作，可能成為 Rapidus 的弱點。但另一方面，考慮到中國和台灣的地緣政治風險，不依賴台灣技術也能避免不確定性風險。

如果從這個角度來看，除了在九州與台灣合作建立半導體產業聚落，同時在北海道與歐美合作建立半導體產業聚落，可以視為日本採取的一種可以分散風險且具備彈性的投資策略。

同樣地，對於台積電來說，歐美和日本同樣是重要的客戶，若能在日本及美國設廠，即使未來台灣與中國關係更密切，台積電的產品依然可以受到歐美信任。換句話說，未來不論是民進黨繼續執政，或是國民黨親中政權成立，台積電在熊本設廠，不論對台積電或對日本都有益處。

話說回來，如果未來國民黨執政，雖然可能採取親中政策對日本造成影響，但並不意味著會立即推動兩岸統一。

台灣過去因為馬英九執政時期過度親中的政策，導致學生發動太陽花學運，最後導致政權更迭。近期的國民黨雖然不像民進黨般反中，但已改變主張，與中國劃出界線，更傾向於維持現狀。

另一方面，民進黨雖然是主張台灣獨立的獨立派政黨，尤其總統賴清德更是強烈主張台灣獨立的政治家，但為了避免激化兩岸關係，獨立主張已經有所收斂。

總體而言，無論是民進黨還是國民黨執政，台灣的主流意見是維持現狀。台灣既不想統一，也不想冒著獨立的風險，結論是維持現狀最好，是台灣人目前的主流思維。換句話說，不論是民進黨執政或國民黨執政，現在的兩岸關係框架應該都不至於有太大的變化。

雖然台灣面臨地緣政治風險，但台灣在生產技術和專案管理方面比日本更具優勢，這與日本傑出的基礎技術、產品開發能力和長期戰略形成互補。就像熊本的日台合作案例一樣，日台聯盟在許多領域都蘊藏著巨大的潛力。我們不應該過度誇大台灣的地緣政治風險，而應冷靜地看待日台之間的商業合作機會，以免錯失良機。

第10章

創造日本獨有的安全價值

1 Rapidus 面臨的二奈米挑戰

日本半導體產業若要尋找替代中國市場的新需求，除了韓國、台灣之外，還有國內的新創企業 Rapidus。

日本家電業組成的電子情報技術產業協會曾發表聲明，認為 Rapidus 的挑戰「是最大也是最後的機會」。這句話或許隱含著：如果 Rapidus 失敗，日本半導體產業將復甦無望；但如果成功開發出二奈米製程，日本半導體產業就能從設備到開發製造全面奪回主導權。

但我認為 Rapidus 面臨兩大挑戰：

一是能否真正實現二奈米製程？就如同我前面說過的，宛如一個連地方賽事都不曾參加過的選手，直接挑戰奧運一樣困難。

另一個挑戰是，即使開發成功，能否實現量產？開發出二奈米製程的產品，擁有相關生產設備，並不代表成功。量產並提高良率需要大量經驗和技術，而缺乏經驗的 Rapidus 能否快速累積這些知識，將是一大考驗。

此外，雖然二奈米製程是目前最先進的技術，但未來五到十年可能成為常規技術。如果 Rapidus 僅進行中規模生產，可能無法獲得高額利潤，甚至難以維持公司營運。要實現技術突破，需要大量的人力和物力投入，儘管日本投入兩兆日圓，但與台積電相比仍顯不足。

再加上我前一章說的，日本材料和設備製造商早已不再將目光放在國內，而是轉向海外市場。畢竟能夠大量生產而採購大量材料與設備的才是他們眼中的優良顧客，對於一個未來可能不會有太多訂單的專案，即使同樣是日本企業，也未必有意願提供 Rapidus 大力支持。

2 民主國家製造的安全感：日本的價值創造

日本製造的最大價值已經不再是技術、功能或性能，而是「日本製造」本身，目前中國的半導體和通訊設備在歐美受到排斥，甚至可以說是提防。

這種提防心理來自於人們對在一個由黨獨裁管理的國家所生產的通訊設

備，會產生情緒、直覺的不安，擔心企業機密和個人隱私可能會經由這些通訊設備遭到竊取，以華為、TikTok這類公司來說，就是因資訊安全問題而遭到抵制。

這不僅僅是實際上存在的安全問題，更重要的是人們的情緒反應。中國的《國家情報法》規定，包括民營企業在內，所有組織都有義務配合國家情報工作。因此，人們擔心個資會被用於中國的國家情報活動，這導致對中國通訊設備和服務的負面評價。

也就是說，不論是否真的發生資訊洩漏，人們對中國製造通訊設備的恐懼，已經成為中國產品的弱點。

華為或TikTok這樣的網路設備和服務，因為使用通訊服務，懷有情緒上的安全疑慮是理所當然，但現在的問題已不再只限通訊的手機或個人電腦等通訊機器或服務的問題了。近年來的電視不是只有接收訊號，也透過網路可以觀看各種影片服務，而空調、冰箱等都具備智慧家電功能，需要連接網路。此外，科技巨擘GAFAM（為Google、Apple、Facebook、Amazon、Microsoft五家公司的合稱）推出的其他智慧型家電，例如智慧音箱等，由於 GAFAM 主要負責軟體而不生產硬體，這些家電的硬體通常是中國製造。

這意味著，這些家電產品也可能被植入後門程式，就像華為和 TikTok 一樣。

既然如此，我們就不得不思考，是否應該將企業機密和個人隱私相關的通訊設備及各種家電產品的生產交給中國？實際上是否存在威脅並不重要，重要的是人們的觀感。只要能給人一種無需擔心的印象，人們就會更傾向於選擇該國的產品。

事實上，過去曾考慮導入華為設備的歐美企業，現在已經轉向其他廠商。三星就抓住了這個機會，而日本卻錯失良機。

在自由經濟體系中，日本擁有優良的品質和技術聲譽。如果日本能打出「民主國家製造」的旗號，即使技術優異程度不及中國，只要能提供同等程度的產品，歐美國家也會選擇日本製造。

日本應該採取一種簡單的策略，就是以低成本大量生產標準化的產品，填補中國產品被排斥後的市場空白。現在正是日本產品捲土重來，可以翻身的轉機。

除了開發最先進半導體製程，近年來通訊技術也朝向 Beyond 5G、6G 發展。這些技術與半導體密切相關，而 Rapidus 開發的先進半導體將扮演重要角色。如果日本企業能開發並大規模生產這些產品，就能為全球提供安全可靠的產品，進而帶來更多商機。因此，JASM 和 Rapidus 在光電融合設備等領域的貢獻或許將成為一大關鍵。

3 台灣和韓國的大量生產價值

我非常擔心 Rapidus 是否能成功成為一家晶圓代工廠，我認為成功機率最多只有一半。因此，我認為應該採用由日本負責半導體和通訊設備的開發，而由其他國家負責生產的方式。

開發產品的能力有別於製造產品的能力，因此我們應該與擅長製造的國家合作。日本應該選擇與台積電、聯電等擁有優良生產技術的夥伴合作。

正如之前提到麻省理工史隆管理學院所定義的創新框架，「價值創造」和「價值獲取」是創新成功的兩個關鍵要素。日本擅長價值創造，但價值獲取較弱；而台灣則相反，擅長價值獲取，因此，雙方合作或許能創造新的機會。

日本企業不願對台灣投資的一個原因，是擔心台灣的政治局勢不穩定，可能受到中國的侵略。因此，增加日台合資企業也是非常重要的，如果是一家日台合資企業，即使中國主張這是中國的內政問題，也會變成國際問題。

另一個可能的合作夥伴是韓國。韓國同樣擅長製造，但至少目前來看，日本的研發能力更強。近年岸田政府和尹錫悅政府正在積極改善兩國關係，因此或許可以考慮將三星的晶圓代工廠引入日本。如果韓國顧慮到中國，就可以將與中國的業務留在韓國國內，與美國的業務則透過在日本設立的合資公司來展開。

如果日本能招攬台灣或韓國的晶圓代工，對 Rapidus 來說也是一件好事。日本國內若是有其他大型晶圓代工廠，相信材料和設備供應商也會更加積極地參與日本市場，這將有利於 Rapidus 獲得相關企業的支持。

此外，如果在日本設立更多的半導體相關企業，將能吸引更多半導體人才，其中也包括可能為 Rapidus 工作的人才。因此首先，我們應該在日本建立一個強大的半導體產業聚落，吸引人才和技術。

4 受矚目的後端製程合作

將矽晶圓上繪製電路並製造半導體電路的生產過程，稱為半導體製造的前端製程；晶圓上繪製的眾多半導體產品晶片經過裁切，並進行封裝的過程稱為後端製程。本書雖然較少提到後端製程，但考慮到日本的優勢，後端製程正受到關注。

過去受到關注的半導體相關產業都是無廠半導體企業、晶圓代工廠、製造設備廠商及晶圓廠商等前端企業，這是因為前端製程事業的規模遠大於後端製程事業（圖表10-1）。為什麼現在後端製程受到關注呢？

圖表 10-1　半導體製造設備的全球銷售額

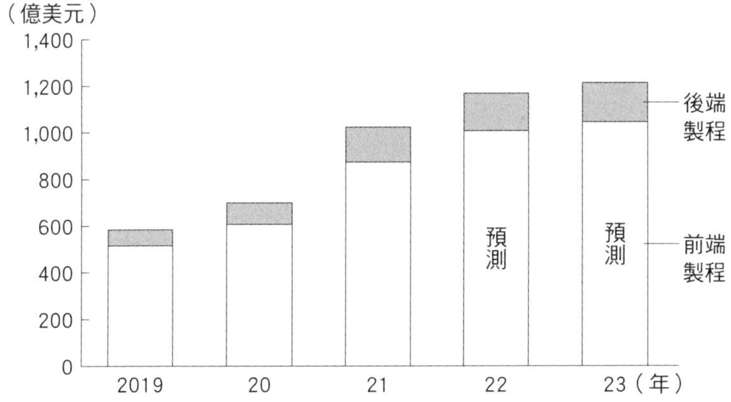

出處：SEMI

這是因為前端的技術創新變得愈來愈困難。為了提升晶片的性能，以往都是透過提高單位面積的電路密度，也就是縮小製程尺寸，在相同面積上繪製更複雜的電路來達成。因此，開發用於製造更小製程尺寸半導體的產品技術和製造技術，在美中競爭下，美國試圖壟斷製程小尺寸的先進半導體製造技術。然而，這只是在2D平面讓半導體變得更複雜的技術開發。

相較之下，如果無法在長度和寬度進一步縮小元件，就可以考慮在高度上增加電路的複雜性。這就是所謂的３D堆疊技術，將多個晶片疊加成一個晶片，而這項技術屬於後端製程。也就是說，後端製程將成為未來半導體性能提升的關鍵。

二〇二三年十二月二十一日的《日本經濟新聞》報導，「經濟產業省宣布將提供上限兩百億日圓補助三星在橫濱新設半導體研究基地，與國內半導體材料廠商合作，共同開發新一代半導體。經濟產業省希望透過此舉提升日本半導體產業的競爭力[32]。」這被認為是對後端製程的研究。此外，台積電也計畫在筑波市建設後端開發基地[33]。

韓國和台灣這些半導體先進國家紛紛在日本設立後端研究所，由此可見日本在後端製程方面具有很強的實力。

根據Diamond Online報導的一篇文章〈半導體材料強者Resonac（原昭和電工），藉由後端製程的順風成長〉[34]指出，「Resonac在後端製程方面具有壓倒性優勢」、「Resonac在後端材料方面持有超過一半的主要材料」。

過去較少受到關注的領域，現在成為半導體開發競爭的關鍵，而日本恰好擁有這方面的實力。也就是說，除了JASM和Rapidus等前端企業，日本還有其他能夠發揮優勢的半導體事業。

---

32 https://www.nikkei.com/article/DGXQOUA212B80R21C23A2000000/
33 https://www.asahi.com/articles/ASP506T1WP50ULFA01B.html/
34 https://diamond.jp/articles/-/332335

第11章

不應過度與中國為敵

1 完全排除中國的風險

世界各國將中國視為威脅的地緣政治局勢，確實為日本帶來一些機會。但是，這並不意味著日本應該完全與中國脫鉤，換句話說，日本不宜將經濟與中國完全分離。

如果日本在經濟上完全脫離中國，將會面臨三個問題：

首先是，一旦減少對中國出口，日本企業的收益也會下滑，導致研發和設備投資的資金來源降低。

其次，中國加速自主技術開發的可能性大增。以往由日本或台灣進口，成本較低，但若是無法再從日本和台灣進口，中國將不得不自主開發相關技術，他們可能會開發出比日本和台灣更具競爭力的產品。在材料和設備方面，雖然目前日本具有優勢，也有可能在未來被中國超越。

最後是日本可能面臨遭到釜底抽薪、進退兩難的風險。二〇二四年是美國總統及台灣總統大選之年，台灣總統由民進黨候選人勝出，想必會和蔡英文政府一樣，採取與日美合作的方針。另一方面，美國總統由拜登再次出馬的可能性並不高。

如果是由共和黨贏得大選，尤其是川普取得政權的話，川普本質上是生意人，可能未必會以半導體作為美國國家政策，川普可能會為了換取其他方面的讓步，而將半導體作為與中國交易的籌碼[35]。這樣一來，日本的半導體產業就會面臨被過河拆橋的風險。

考量以上各點，如果與中國為敵，日本可能會陷入困境。

2 從地緣政治角度，台灣是最佳夥伴

日本單獨進行半導體垂直整合的二十世紀型開發模式已不切實際，即使成功，也只能成為利基市場的玩家，無法重振半導體大國的地位。然而，與適當

35 二〇二四年當地時間十一月五日計票結果，川普當選第六十屆美國總統。

的夥伴合作，成為一個半導體產業聯盟，日本仍有可能獲得巨大的市占率。

再次強調，資訊與半導體產業是一個贏者全拿的遊戲，必須不擇手段追求規模，因此選擇合作夥伴的關鍵在於能否擴大規模。這個夥伴是美國、韓國還是台灣，需要仔細評估。

從地緣政治和優勢互補的角度來看，促進與台灣合作是最實際的解決方案。目前熊本的 JASM 專案和 Rapidus 專案似乎沒有任何關聯，但或許應該考慮將兩者整合。

政府和產業界應該為日本的半導體產業制定整體規劃。如果兩家公司能夠合作，日本就能達成在國內從二十二／二十八奈米等成熟製程到二奈米等最先進製程都能完全覆蓋的目標。此外，如果 JASM 和 Rapidus 能夠在同一戰略下營運，從二十二／二十八奈米成熟製程獲得的收益，就能投入到北海道的二奈米最先進製程中。

雖然目前還沒有這樣的動向，而且 JASM 和 Rapidus 合併也不是唯一的解決方案，但日本必須明確半導體產業的發展方向，政府和民間達成共識，制定整體戰略。

第12章

半導體產業
需要的是經營戰略

1 回歸策略本質

企業的科學化管理，也就是經營學，起源於一百多年前。正值工業革命興起，工廠大量生產開始之際，美國管理學家與機械工程師腓德烈·泰勒（Frederick Winslow Taylor）提出科學管理原則，一般認為這是經營學的起源。

早期的經營學主要關注於工廠組織的管理，其核心至今未變，即做好任務管理，以高效低成本的方式進行大規模生產，追求規模經濟。對於半導體產業這樣的資本密集產業而言，規模追求尤其重要，因此首先要考慮如何大量生產、降低成本。

然而，僅靠管理無法使企業營運順利，因為技術和市場瞬息萬變。過去有效的方法不再適用時，就需要調整策略。

策略是開拓飽和市場新商機的經營智慧。策略的基礎是開發新產品或開拓新市場，從而避免與競爭對手的價格競爭，實現壟斷。那麼，如何實現壟斷呢？答案是關注經營環境和資源。

創造一個沒有競爭對手的環境，這就是關注環境的策略。另一方面，關注自身內部資源，利用其他公司無法複製的資源，建立競爭對手無法進入的市場，這就是關注資源的策略。技術是重要的資源之一，但正如本書所述，技術不是唯一資源，企業不該一味追求新技術或製造新產品，還需要在確定產品後，以大量、穩定、快速、低成本來製造產品。

然而，以往日本的電子產業似乎過於關注產品技術單一資源，導致將產品技術的優劣作為衡量策略成敗的唯一標準。

日本企業似乎總是認為，如果目前的競爭不順利，就透過開發新一代產品技術來挽回。日本企業較少考慮如何在有利的環境中競爭，或者除了技術之外，自己還有哪些獨特的資源可以利用。我們必須摒棄這種狹隘的電子產業策略觀，動員一切環境和資源，打造比全球競爭對手更優異的事業。

此外，策略的根本目標是壟斷。經濟學認為，市場經濟追求均衡價格，即在企業之間沒有競爭優勢差異的情況下，價格由市場機制決定。經營學則期望企業獲得高於均衡價格的利潤。壟斷市場是這種情況的極端狀態，此時的價格產。特別是日本電價較高，而半導體工廠又耗電量大，因此電力的基礎設施也是必須的。九州電力也在為滿足半導體需求而增強變電所和輸電線。相較之下，JASM 由於產品技術差異不大，必須在戰略環境方面與外國企業展開競爭。

另一方面，Rapidus 在短期內有望在產品技術上達成差異化，且市場上競爭對手較少，Rapidus 瞄準的二奈米製程，短期內中國企業也難以企及。在這一點上，Rapidus 與 JASM 相反，在戰略資源方面具有優勢。然而，為了生產二奈米半導體，Rapidus 需要與愛美科合作，並從頭開始開發製造設備。Rapidus 更試圖採用新型半導體結構來生產二奈米。日本在缺乏先進半導體量產經驗的情況下，能否真正建立最先進的半導體生產技術，在技術上是一個挑戰。

此外，在半導體製造所需的基礎設施方面，相較於九州，北海道的電力確保更為嚴峻。據說 Rapidus 的用電量將占據北海道電力需求的一〇%至二〇%，因此需要穩定供電。

為了透過產品差異化而不依賴數量來獲得壟斷超額利潤，必須具備比外國企業更優越的資源。然而，由於關鍵技術仍處於與ＩＢＭ和愛美科合作開發的階段，尚不清楚如何實現差異化資源，這是 Rapidus 的弱點。

既然如此，按照常規的做法，應該將目光放在環境上，搶先實踐規模優勢，採用成本領導策略。但 Rapidus 卻定位為中型晶圓代工廠，並沒有表現出在環境方面取得優勢的意圖。這種戰略上的模稜兩可，正是我對 Rapidus 的擔憂所在。

3 後端製程優勢能否成為日本半導體戰略的核心？

第十章中我曾提到日本在後端製程方面的致勝機會。後端製程是將前端製程在晶圓上形成的晶片加以裁切，並將其封裝成單個半導體產品的過程，屬於日本的強項。隨著 3D 疊層等提升晶片性能的新技術出現，後端製程近年來受到極大的關注。

然而，我們需要思考的是，日本的後端製程技術能否真正為日本帶來價值，能否從戰略角度提升日本的優勢，也就是說，能否為日本的經濟收益產生

國家圖書館出版品預行編目 (CIP) 資料

半導體逆轉戰略：從日本隕落與復興，解析矽時代的關鍵商業模式與經營核心 / 長內厚著；卓惠娟譯. -- 初版. -- 臺北市：今周刊出版社股份有限公司, 2025.05
240 面；14.8 × 21 公分. -- (Future ; 022)
譯自：半導体逆転戦略：日本復活に必要な経営を問う
ISBN 978-626-7589-24-3(平裝)

1.CST: 半導體工業

484.51 114003770

FUTURE 022

半導體逆轉戰略

從日本隕落與復興，解析矽時代的關鍵商業模式與經營核心

半導体逆転戦略 日本復活に必要な経営を問う

作　　者 長內厚 OSANAI ATSUSHI
譯　　者 卓惠娟
審　　訂 王振源
總 編 輯 蔣榮玉
資深主編 李志威
特約編輯 張小燕
校　　對 張小燕、李志威
封面設計 萬勝安
內文排版 薛美惠

企畫副理 朱安棋
行銷專員 江品潔
業務專員 孫唯瑄
印　　務 詹夏深

出 版 者 今周刊出版社股份有限公司
發 行 人 梁永煌
地　　址 台北市中山區南京東路一段 96 號 8 樓
電　　話 886-2-2581-6196
傳　　真 886-2-2531-6438
讀者專線 886-2-2581-6196 轉 1
劃撥帳號 19865054
戶　　名 今周刊出版社股份有限公司
網　　址 http://www.businesstoday.com.tw

總 經 銷 大和書報股份有限公司
製版印刷 緯峰印刷股份有限公司
初版一刷 2025 年 5 月
定　　價 420 元
I S B N 978-626-7589-24-3

HANDOTAI GYAKUTEN SENRYAKU NIHON FUKKATSU NI HITSUYO NA KEIEI WO TOU written by Atsushi Osanai.
Copyright© 2024 by Atsushi Osanai.
All rights reserved.
Originally published in Japan by Nikkei Business Publications, Inc.
Traditional Chinese translation rights arranged with Nikkei Business Publications, Inc. through Bardon-Chinese Media Agency.

版權所有，翻印必究
Printed in Taiwan

Future

Future